El cerebro bilingüe

El cerebro bilingüe

La neurociencia del lenguaje

ALBERT COSTA

Primera edición: mayo de 2017
Segunda reimpresión: junio de 2020

© 2017, Albert Costa Martínez
© 2017, Penguin Random House Grupo Editorial, S. A. U.
Travessera de Gràcia, 47-49. 08021 Barcelona

Printed in Spain – Impreso en España

ISBN: 978-84-9992-765-7
Depósito legal: B-6.389-2017

Compuesto en Anglofort, S. A.
Impreso en BookPrint Digital, S. A.

C 9 2 7 6 5 7

Penguin
Random House
Grupo Editorial

Este libro está dedicado a mis dos bilingües preferidos,
a la de las croquetas, Chiqui, y al que se las come, Alex.
Gracias a los dos por hacerme sentir tan especial.
Ataos los cinturones, empezamos el viaje.

Índice

Prólogo

«¡Talking Heads, Talking Heads, Talking Heads!», exclama el público justo antes de que la banda haga su aparición en el Central Park de Nueva York en 1980. Como probablemente recuerde el lector, Talking Heads («Cabezas parlantes») es un grupo musical neoyorquino pospunk (según los expertos) surgido a mediados de los setenta del siglo pasado. Con independencia de que sea o no uno de sus favoritos (no figura entre los míos), créame, a usted se le podría considerar una *talking head*. De hecho, podríamos definir a los humanos como aquellos animales con *talking head* o cabeza parlante. Tal vez por ello, y aunque no se lo parezca, todo el mundo está, consciente o inconscientemente, interesado en el lenguaje. Desde los padres que ven con asombro cómo sus hijos pronuncian las primeras palabras, hasta las personas que sufren problemas de comunicación como consecuencia de un daño cerebral, todos nos hemos preguntado alguna vez cómo el cerebro humano adquiere y procesa las lenguas. Este libro está dedicado a una de esas preguntas recurrentes: ¿cómo conviven dos lenguas en un mismo cerebro y qué implicaciones tiene esa convivencia? O si se quiere, ¿qué hay de especial en las bi-*talking heads*?

¿Por qué dedicar la escritura (y sobre todo la lectura) de todo un libro al fenómeno del bilingüismo? Pues bien, porque en gran medida el bilingüismo es la regla más que la excepción, en el sentido de que una gran parte de la población mundial es capaz de comunicarse en más de una lengua. Así, si queremos entender el funcionamiento del lenguaje en el cerebro humano, dejar de lado este fenómeno sería un error. Además, su estudio permite explorar otras cuestiones acerca de cómo el lenguaje interactúa con otros dominios cognitivos, como la atención, el aprendizaje, la emoción, la toma de decisiones, etcétera. En esta dirección, el bilingüismo es una ventana para el estudio de la cognición humana.

A medida que el lector vaya pasando páginas, encontrará más preguntas que respuestas sobre algunos de los temas planteados. Eso es, en parte, el objetivo del libro: despertar su curiosidad sobre cómo conviven dos lenguas en un mismo cerebro y sobre cómo se estudian estas cuestiones. A veces podré dar algunas soluciones y otras apelaré a su paciencia, ya que algunas respuestas aún no parecen ser definitivas. En este viaje se expondrán resultados de investigaciones científicas que arrojan luz sobre temas muy diversos: ¿cómo consiguen los bebés expuestos a dos lenguas diferenciarlas?, ¿son distintas las trayectorias de aprendizaje de lenguas para bebés bilingües y monolingües?, ¿cuáles son las bases cerebrales que sustentan las dos lenguas de un hablante bilingüe?, ¿cómo afecta el bilingüismo al desarrollo de otras capacidades cognitivas?, ¿cómo se deterioran las dos lenguas debido al daño cerebral?, ¿cómo afecta el uso de una segunda lengua a la toma de decisiones? Aunque estas cuestiones parezcan un poco abstractas, permítame que le demuestre lo contrario con un par de ejemplos que tal vez le resulten familiares.

Alex es un niño nacido en una familia bilingüe de Boston (Nueva Inglaterra), en la que la madre habla inglés y el padre, castellano. Los padres deciden hablar al niño cada uno en su lengua, a la vez que se preguntan si ello tendrá un efecto negativo en el desarrollo del lenguaje del bebé. Intuyen que los procesos cognitivos

que llevará a cabo Alex para el desarrollo correcto de los dos sistemas lingüísticos son diferentes de los que haría si solo le hablaran
en una lengua, esto es, si el niño se criara en un ambiente monolingüe. Los padres saben que su situación no es excepcional, dado
que muchos bebés son expuestos a dos lenguas ya sea por motivos
familiares o de emigración. Alex tendrá que aprender a distinguir
las lenguas para poder identificar los sonidos y palabras que corresponden a cada una de ellas, es decir, para desarrollar dos sistemas
fonológicos y léxicos diferenciados. ¿Cómo se consigue esa dife-
renciación? ¿Esa exposición dará como resultado un sistema lingüístico confuso y deficiente? Pues bien, resulta que, más allá de lo
que el sentido común o la sabiduría popular afirman, ahora empezamos a contar con información científica rigurosa de los procesos
de aprendizaje por los que Alex pasará para adquirir las dos lenguas
simultáneamente y, por lo que sabemos, sin aparentes dificultades. En este libro repasaremos algunos estudios que exploran estas
cuestiones en edades tan tempranas como el primer mes de vida.
Sí, ha leído bien, bebés que no tienen ni un mes de vida. El ingenio
de los investigadores dedicados al estudio del desarrollo es feno-
menal. Por cierto, Alex ahora tiene catorce años y se defiende a la
perfección en tres lenguas, inglés, catalán y castellano, y lo sé porque no para de hablar ni un momento: Alex es mi hijo.

Consideremos ahora el caso de Laura. Le diagnosticaron alzhéimer hace tres años y todavía se encuentra en un estadio inicial
de la enfermedad. Vive sola en Barcelona y se las apaña de maravilla. Laura siempre le ha hablado a su hija, María, en castellano, pues
es su lengua materna, a pesar de que conoce y ha usado el catalán
habitualmente durante los últimos ochenta años. María empieza
a notar que su madre tiene ciertas dificultades al comunicarse y,
aunque de momento no les da mayor importancia, le asaltan las
siguientes preguntas: cuando la enfermedad avance y afecte de ma-

nera más severa las capacidades cognitivas de su madre, ¿cuál será la lengua en la que acabará hablando?, ¿afectará la enfermedad por igual a las dos lenguas?, ¿mantendrá su madre la capacidad para diferenciarlas y poder comunicarse en la que desee sin sufrir interferencias? Investigar sobre estas cuestiones no solo nos permite, o mejor dicho permitirá, dar respuestas a María, sino que además nos informará sobre cómo están representadas las dos lenguas en el cerebro, y nos ayudará a tomar decisiones acerca de cuál utilizar en terapias de rehabilitación.

Estas descripciones son solo dos ejemplos de los muchos que el lector se va a encontrar en este libro. Aunque es posible que me tome alguna licencia en el momento de exponerlos, todos son casos reales que nos ayudarán a entender las cuestiones que surgen cuando nos enfrentamos al aprendizaje y uso de dos lenguas.

Es probable que llegados a este punto el lector se esté preguntando a qué me refiero con el término «bilingüismo». A pesar de que detesto las definiciones en libros de este tipo, creo que es justo atender esta cuestión. Prometo que lo haré aquí y no la retomaré en lo que queda de lectura.

Definir el bilingüismo es como intentar disparar a un objetivo en movimiento. Con esto quiero decir que cualquier definición o bien es tan laxa que no es útil, o bien es tan estricta que deja fuera multitud de casos de personas que utilizan dos lenguas. Y esto es así debido a que la experiencia de estar en contacto con una segunda lengua es muy variada. Por ejemplo, si consideramos bilingües solo a aquellas personas que tienen un dominio muy parecido de las dos lenguas, ignoramos a una gran cantidad de gente que, a pesar de que se desenvuelve mucho mejor en una de ellas, utiliza ambas con frecuencia y sin demasiada dificultad. Por otro lado, si tomamos la edad de aprendizaje de las dos lenguas como factor determinante para hablar de bilingüismo, y consideramos bilingües solo a aquellas personas que han estado expuestas a dos lenguas desde la cuna, dejaremos fuera a otro gran número de personas que usan dos lenguas regularmente. Para complicar más la situación, con frecuencia encontramos gran disparidad en las habilidades de una misma persona en relación con el uso de una lengua. Así, por ejemplo, hay personas con una gran fluidez y riqueza de vocabulario en una segunda lengua que, sin embargo, tienen un acento extranjero muy marcado. Uno de esos casos es el de uno de los novelistas más reconocidos en lengua inglesa del siglo XX, Joseph Conrad. Aunque escribió sus obras más importantes en inglés, era de origen polaco y aprendió esa lengua relativamente tarde. Pues bien, a pesar de la maestría de su prosa, Conrad tenía un fuerte acento polaco. Convendrá conmigo el lector que excluirle del grupo de bilingües sería, como mínimo, osado. Por cierto, Conrad no es un caso excepcional, considere el lector casos más recientes, aunque tal vez de personas menos loables, como el secretario de Estado de Estados Unidos Henry Kissinger, o el exgobernador de California Arnold Schwarzenegger.

Es obvio que podríamos ir fraccionando caso por caso y dando nombres diferentes a cada uno de estos grupos de hablantes, aunque no sería demasiado útil porque el número con el que acabaríamos sería demasiado grande. Desde mi punto de vista, y con los conocimientos actuales que tenemos, es más útil tratar los distintos casos como puntos en un *continuum* de diferentes variables (uso, edad de adquisición, competencia, etcétera), y no tanto como grupos diferenciados. Eso sí, a la hora de realizar estudios científicos es conveniente que la muestra de sujetos sea relativamente homogénea. Así pues, en los capítulos siguientes consideraremos trabajos realizados con diferentes tipos de bilingüismo, y aunque iré especificando las características de los diversos grupos cuando ello sea relevante, continuaré llamando bilingües a sus individuos.

El libro está estructurado en cinco capítulos. En el capítulo 1 veremos los retos que afrontan los bebés durante el proceso de aprendizaje simultáneo de dos lenguas. Aquí haremos especial hincapié en las diferentes técnicas que se han desarrollado para «preguntar» a los bebés qué es lo que saben y no saben de cada una de sus lenguas. Conseguir que un bebé de pocos meses nos ofrezca una respuesta interpretable no es nada fácil, y espero que los lectores disfruten descubriendo cómo los científicos afilan el ingenio para lograr extraer la información de esos pequeños cerebros.

El capítulo 2 está dedicado a cómo las dos lenguas están representadas en el cerebro de los bilingües adultos, prestando especial atención a aquellas investigaciones provenientes de la neurociencia cognitiva y de la neuropsicología. Veremos, por ejemplo, cuáles son las áreas cerebrales implicadas en la representación y control de las dos lenguas, y cómo un daño cerebral puede afectar a ambas.

En el capítulo 3 analizaremos las consecuencias del aprendizaje y uso de dos lenguas para el procesamiento del lenguaje en general. Aquí prestaremos especial atención a cómo la experiencia bilingüe esculpe el cerebro comparando el de hablantes bilingües con el de otros monolingües. También repasaremos hasta qué punto el bilingüismo afecta, a veces de forma positiva y otras negativa, al procesamiento del lenguaje. Veremos que un individuo bilingüe no puede considerarse como la suma de dos monolingües.

El capítulo 4 se centrará en cómo la experiencia bilingüe afecta al desarrollo de otras habilidades cognitivas, en especial del sistema atencional. Se dice, por ejemplo, que el uso continuo de dos lenguas actúa como una especie de gimnasia mental que tiene como resultado el desarrollo de un sistema atencional más eficiente y resistente al daño cerebral. Analizaremos hasta qué punto la evidencia actual nos permite concluir que esto es así. Repasaremos estudios realizados con individuos que cubren un amplio rango de edades, desde los siete meses hasta los ochenta años, y nos detendremos especialmente a comentar los recientes trabajos que sugieren que el bilingüismo puede fomentar la reserva cognitiva en casos de enfermedades neurodegenerativas.

Finalmente, en el capítulo 5, leeremos cómo el uso de una segunda lengua puede afectar los procesos de toma de decisiones. Descubriremos cómo los procesos intuitivos que en ocasiones sesgan nuestras decisiones se ven minimizados cuando utilizamos una segunda lengua. Los estudios que expondremos en este capítulo exploran la toma de decisiones tanto económicas como morales. Dado que un gran número de personas participa continuamente en negociaciones que se llevan a cabo en su segunda lengua (piense en una compañía multinacional, o en el Parlamento europeo), las implicaciones sociales de estos estudios son realmente importantes.

Antes de concluir esta introducción, quisiera también avisar al lector con respecto a dos puntos que no serán tratados en este libro y que, tal vez, por su título esté esperando encontrar. Vaya por adelantado que estos temas son de un gran interés social y, por tanto, merecen la pena ser discutidos; eso sí, por alguien con más conocimientos sobre ellos que el presente autor. Este libro no versa sobre los métodos de aprendizaje de segundas lenguas. Así pues, no discutiremos qué tipo de estrategias son más eficientes para la adquisición de una segunda lengua de manera formal en la escuela. Eso no significa que no se mencionen algunos estudios que han evaluado el impacto de ciertas variables, como la edad de adquisición, en el aprendizaje de una segunda lengua. Sin embargo, esto se hará en el contexto apropiado de cada estudio, y no con el objetivo de analizar rigurosamente qué tipos de protocolos de aprendizaje son más eficaces para la adquisición de una segunda lengua en contextos académicos. El segundo punto que no abordaremos en este libro es el de las connotaciones sociales y políticas que con mucha frecuencia están ligadas al fenómeno del bilingüismo y que tienen implicaciones en los modelos educativos de muchos países del mundo. La convivencia de dos lenguas en una misma comunidad y las discusiones sobre identidad que a menudo esto conlleva (piénsese en los casos de Estados Unidos, Canadá o Bélgica, por mentar solo algunos de ellos) no serán tratadas aquí. Estoy seguro de que el lector interesado en estos temas encontrará otras obras con las que satisfacer su curiosidad.

Llegados a este punto, solo resta volver a invitar al lector a que me acompañe en este viaje para descubrir cómo dos lenguas conviven en un mismo cerebro. Aunque en algunos puntos del trayecto nos tendremos que detener para presentar con cierto detalle los estudios experimentales, espero que la travesía sea fluida, entretenida e informativa. También espero que el texto haga honor a la sentencia de Confucio «Dime y olvidaré, muéstrame y recordaré, involúcrame y entenderé», y consiga involucrar al lector.

1

Cunas bilingües

(o «por qué me hacen esto... ¿¡no era ya
suficientemente difícil!?»)

En la segunda película de *El Padrino* se narra la llegada de Vito Andolini a Estados Unidos a principios del siglo xx. Vito es un niño
de unos doce años que huye solo de su pueblo natal, Corleone, en
Sicilia. A la llegada del barco a Nueva York, Vito Andolini pasará a
ser Vito Corleone, y así empieza la saga de los Corleone en Amé-
rica. No le explico más, por si acaso no ha visto la película. Lo que
sí le diré es que la historia de Vito Andolini, afortunadamente solo
en parte, fue la misma que experimentó mucha gente cuando puso
el pie en Estados Unidos durante el siglo pasado.

Entre finales del siglo xix y el primer cuarto del siglo xx, además de Vito, unos doce millones de personas fueron inspecciona-
das por los oficiales de inmigración del gobierno estadounidense
en una pequeña isla cercana a Manhattan conocida como la isla de
Ellis. La mayoría de estos emigrantes, que buscaban un futuro mejor en el continente americano, procedían de países europeos. Al
llegar a la isla debían responder a un cuestionario de idoneidad en
el que, entre otras cosas, se quería averiguar su país de proceden-
cia, sus recursos económicos y su estado de salud. Aquellos con
más suerte pasaban «solo» alrededor de cinco horas en la isla, y se
les permitía acceder al país; aquellos con menos suerte pasaban

más tiempo en la isla puestos en cuarentena (como Vito, que padecía viruela) o eran deportados a sus países de origen. Una de las figuras fundamentales durante este proceso era el intérprete, cuya misión era ayudar a los recién llegados a formalizar los papeles de entrada e interactuar con los oficiales de inmigración. El intérprete era necesario, ya que podríamos decir que la isla de Ellis era el análogo moderno a la torre de Babel, donde se juntaban personas de muchas lenguas diferentes, desde el italiano hasta el armenio pasando por el yidis y el árabe. Estas oleadas migratorias fueron tan intensas que se calcula que actualmente alrededor de cien millones de estadounidenses tienen algún tipo de parentesco con los emigrantes que pasaron por esa isla, entre ellos mi hijo Alex, cuyos bisabuelos también entraron en Estados Unidos por ella. Parece claro entonces que, al menos, una buena parte de estas personas pudieron prosperar lo suficiente como para formar lazos familiares para la posteridad. Es difícil imaginar qué suponía llegar a una tierra desconocida con la intención de rehacer una vida lejos del país de origen. Al menos, es difícil para aquellos que no hemos sufrido la necesidad de emigrar por obligación, ya sea por motivos económicos o de persecución política. Sin embargo, hay algo que sí es relativamente fácil de imaginar y tiene que ver con uno de los retos que muchas de estas personas debían afrontar, el de aprender una nueva lengua.

Pero ¿qué significa aprender una lengua? Aprender una lengua no es solo memorizar sus palabras y su gramática, sino también adquirir sus correspondientes sonidos (lo que denominamos «propiedades fonológicas») y el uso adecuado de las expresiones para un contexto comunicativo concreto (lo que denominamos «pragmática de la lengua»). No vale solo con saber las etiquetas léxicas, es decir, las palabras, tenemos que aprender los sonidos de la lengua, saber cómo combinarlos, aprender qué construcciones sintácticas son correctas y cuáles no, conocer qué registro debemos utilizar de acuerdo con el interlocutor que tenemos delante, etcétera. Como seguramente se dieron cuenta los emigrantes de nuestra historia, y también cualquiera de nosotros, el reto de aprender una lengua extranjera es mayúsculo y, en muchos casos, alcanzable solo en parte cuando la intentamos aprender de mayores. Nos es difícil adquirir los sonidos de la nueva lengua y, por eso, tenemos acento extranjero. Nos es difícil adquirir las estructuras sintácticas y, por eso, en muchos casos construimos frases que contienen errores gramaticales, como cuando, en español, alguien dice «la mapa» en vez de «el mapa». Nos es difícil apreciar aspectos sutiles del significado de las palabras y, por eso, a veces utilizamos términos que no son adecuados para el contexto comunicativo, como cuando decimos palabras malsonantes en un lugar que no corresponde (intente explicarle a alguien en qué contextos es adecuado utilizar los diferentes tacos que tiene su lengua). Nos es difícil no confundirnos y vemos relaciones entre palabras de diferentes lenguas cuando no las hay, como cuando creemos que «constipado» significa lo mismo que «constipated» en inglés (que significa «estreñido»). Y, por último, nos es difícil coordinar toda esta información de manera fluida y, por eso, nos encallamos cuando, armados de valor, intentamos mantener una conversación en la otra lengua en cuestión. ¡Uf! Sí, el reto es mayúsculo y las dificultades, de diferente naturaleza. Sin embargo, estas a priori no hacen mella en aquellos que parecen dormitar todo el día, los bebés. Todos hemos pasado por ese estadio, y todos aprendimos una lengua. Además, con relativa facilidad, o al menos eso es lo que parece cuando nos fijamos en el desarrollo lingüístico de los pequeños. ¿Cómo lo hicimos? En este capítulo no pretendo dar una respuesta exhaustiva a esta pregunta ni acercarme a ello (no soy el autor indicado para ese cometido), sino presentar algunos retos a los que se enfrentan los bebés durante ese aprendizaje, en especial cuando este implica la adquisición de dos lenguas simultáneamente. Los estudios que presentaré se centran en los procesos de adquisición durante los primeros meses del desarrollo de los bebés. La selección que he realizado solo pretende ejemplificar las estrategias que utilizan los investigadores para descubrir qué conocimientos van adquiriendo los bebés durante el desarrollo lingüístico. Presentaré estudios de bebés monolingües y de bebés bilingües. No se sorprenda el lector por el uso del término «bebé bilingüe». Es cierto que estos bebés no hablan todavía ninguna lengua (ya tendrán tiempo de hacerlo, y mucho, por cierto), pero eso no significa que no tengan experiencia con ella(s). La experiencia del bilingüismo en muchos casos empieza antes de que los bebés sean capaces de producir lenguaje y, por tanto, creo que el término sigue siendo útil, ya que nos ayuda a diferenciar aquellos recién nacidos que conviven con dos lenguas diferentes, y los retos que esto conlleva, de aquellos que solo se enfrentan a una. Así, a los bebés expuestos de manera prácticamente exclusiva a una sola lengua los denominaremos «bebés monolingües»; y a los bebés expuestos de manera sistemática a dos lenguas, «bebés bilingües». Como veremos, hay algunos desafíos comunes para todos ellos. Antes de meternos en harina, es importante que recordemos que aunque los bebés no hablan, eso no significa que su cerebro no esté continuamente procesando la información que absorbe de su alrededor. De hecho, un buen número de investigaciones ha mostrado que en los primeros meses de vida adquieren un conocimiento muy sofisticado sobre el lenguaje y que, aunque no empiecen a hablar hasta después del primer año de vida (como muy pronto), hacia los seis meses ya poseen un conocimiento complejo sobre el lenguaje, incluyendo un número no despreciable de palabras. Los estudios que presentaré a continuación, pues, se han centrado en los procesos de percepción y comprensión del lenguaje y no sobre la producción del mismo.

¿DÓNDE ESTÁN LAS PALABRAS?

Leamos esta frase extraída de un texto de la figura romántica alemana por excelencia, Johann Wolfgang von Goethe: «Wer fremde Sprachen nicht kennt, weiß nichts von seiner eigenen». Aquellos que no sabemos alemán no comprenderemos la frase, pero sí que seremos capaces de identificar las palabras que la conforman. Fácil: cada cadena de letras que tiene un espacio en blanco antes y después la consideraremos una palabra («Wer», «fremde», etcétera). No entenderemos alemán, pero habremos dado ya un paso: sabremos que «Sprachen» es una palabra del alemán, aunque no sepamos qué significa. Ahora deje el libro por un momento y busque en su biblioteca musical alguna canción cantada en una lengua que desconozca (si es en alemán mejor, tal vez aparezca la palabra «Sprachen» y ya tiene algo ganado) y escúchela con atención. Puede repetir la canción si le apetece. Aunque evidentemente no entenderá lo que se dice en ella, ¿sería capaz de encontrar las palabras que conforman la letra de la canción? ¿Sería capaz de adivinar dónde están los espacios en blanco entre las palabras? Probablemente su respuesta sea negativa y perciba la letra como una cadena o salchicha de sonidos que no sabe por dónde cortar. No desista tan pronto, e intente hacer el ejercicio y cortar la cadena de sonidos en palabras. Apuesto a que en muchos casos sus cortes no coincidirán con las palabras o ítems léxicos, y que agrupará sonidos que pertenecen a palabras diferentes. Esto nos muestra que, a diferencia del lenguaje escrito, el lenguaje oral no tiene espacios en blanco bien definidos entre las palabras y, por tanto, si hubiera escuchado la frase de Goethe en vez de leerla, hubiera percibido algo como «Werfremde-Sprachennichtkenntweißnichtsvonseinereigenen», y venga, apáñeselas como buenamente pueda para saber dónde empieza una palabra y dónde termina otra. No le dejaré en ascuas por más tiempo: la frase significa «Quien no conoce las lenguas extranjeras nada sabe de la suya propia».

Pues bien, esto es exactamente a lo que se enfrentan los bebés cuando procesan el lenguaje. Se topan con el problema de segmentar el habla en unidades que hipotéticamente pueden ser palabras y así ir construyendo el vocabulario o léxico mental. ¿Cómo lo hacen? Y, para el caso concreto que nos ocupa, ¿qué sucede cuando la «salchicha de sonidos» por cortar o segmentar puede pertenecer a dos lenguas distintas?

PISTAS PARA CORTAR LA CADENA DE SONIDOS

Aunque es una perogrullada, recordemos que todas las lenguas que conocemos pueden ser aprendidas. Si no fuera así, y hubiera algún idioma que los bebés no pudieran aprender, simplemente desaparecería con rapidez. Por tanto, debe de haber alguna pista en la señal oral que permita a los bebés ir desarrollando hipótesis acerca de por dónde cortar o segmentar el habla. Es decir, la cadena de sonidos a la que están expuestos tiene ciertas regularidades que deben poder ir guiando la segmentación. Por ejemplo, las lenguas poseen restricciones respecto a qué sonidos pueden combinarse. En español, si escuchamos la secuencia de tres consonantes «str», seguro que después de la «s» hay como mínimo una frontera silábica y con cierta probabilidad un final de palabra; ello es debido a que no hay palabras que terminen con «st» o que empiecen o terminen con «str». Sorprendentemente, hacia los ocho meses de vida los bebés que están aprendiendo español ya saben que después de la «s» es probable que termine una palabra, y ello sin apenas saber ninguna. ¿Cómo es posible? Uno de los estudios que ha tenido un mayor impacto en lo que se refiere a la segmentación del habla en bebés mostró que estos son capaces de computar probabilidades de co-ocurrencia entre sonidos. Detengámonos un momento a describir este estudio, porque nos servirá también para ver cómo podemos explorar los conocimientos que tienen los bebés de temprana edad.

En todos los lenguajes (humanos) la probabilidad de que dos sílabas (o fonemas) se sigan una a otra (probabilidad transicional) es más alta en el interior de las palabras que entre palabras. Así, por ejemplo, la probabilidad de que la sílaba «pa» vaya seguida de la sílaba «la» es mucho más alta que la de que la sílaba «bras» vaya seguida por la sílaba «que» (como en la frase «las palabras que oímos»). Jennifer Saffran y sus colaboradores de la Universidad de Rochester, en Estados Unidos, llevaron a cabo un ingenioso estudio para poner a prueba la hipótesis de que los bebés de ocho meses son capaces de realizar este tipo de cálculos. Para este propósito se creó una secuencia de sílabas en la que se manipuló la probabilidad transicional entre las diferentes sílabas (véase la figura 1). Para que no hubiera un efecto del conocimiento de la lengua propia de los bebés, en este caso el inglés, estas palabras eran inventadas y no tenían nada que ver con esa lengua. El truco estaba en que había secuencias de sílabas que formaban lo que los investigadores denominaron «palabras». La probabilidad de transición entre las sílabas de las palabras era de 1, o si se quiere del cien por cien. Por ejemplo, una de esas palabras era la secuencia «tupiro». Así, siempre que aparecía la sílaba «tu», después aparecía la sílaba «pi», y siempre que aparecía la sílaba «pi», aparecía después la sílaba «ro». Después de la secuencia «tupiro» aparecía cualquiera de las otras palabras incluidas en el experimento («golabu», «bidaku», «padoti»), de tal manera que la probabilidad con la que cualquier otra sílaba podía aparecer después de «tupiro» era del 0,3, o si se quiere el 30 por ciento (después de «ro», podían aparecer las sílabas «go», «bi» o «pa»). En resu-

TUPIRO **GOLABU** BIDAKU **PADOTI**

TUPIRO**GOLABU**BIDAKU**PADOTI**TUPIROBIDAKU...

↻↻   ↻   ↻

1,0 1,0   0,3   0,3

Figura 1: Transcripción del orden en el que se presentaban las sílabas en el experimento. Como se puede observar, las sílabas de cada «palabra» siempre respetan el mismo orden. Por tanto, siempre que aparece, por ejemplo, «pi», le seguirá «ro». Sin embargo, al encontrar «ro», la siguiente sílaba puede ser «go», «bi» o «pa».

midas cuentas, la probabilidad de transición entre las sílabas de diferentes «palabras» era bastante más baja (solo se daba un tercio de las veces) que la probabilidad de transición de sílabas dentro de las palabras, que ocurría de manera determinista. Por decirlo de otro modo, había sílabas que tendían a aparecer juntas con mucha frecuencia y otras, con menos. Este experimento pretendía, de este modo, simular la situación que hemos descrito anteriormente con el ejemplo de «las palabras que oímos»: hay algunas secuencias de sílabas («pa» y «la») que tienden a aparecer más a menudo que otras («bras» y «que»). Reprodujeron esta cadena de sílabas a los bebés durante dos minutos, sin entonación y sin pausas entre las sílabas. De hecho, la cadena se reprodujo mediante un sistema de generación de sonidos artificial que sonaba un tanto peor que lo que el lector habrá experimentado anteriormente al escuchar la canción en un idioma desconocido.

¿Serían capaces los bebés de ocho meses de computar estas regularidades y extraer de la cadena aquellas sílabas que van siempre juntas de aquellas que no lo van con tanta frecuencia? Si esto fuera así y los bebés pudieran computar probabilidades y, concretamente, la probabilidad transicional entre sílabas, entonces es posible que se dieran cuenta de que la secuencia «tupiro» siempre aparecía junta (formaba una palabra) y la secuencia «rogola» no aparecía tan a menudo y, por tanto, no formaba una palabra. Esto sugeriría que los bebés son capaces de explotar las regularidades estadísticas presentes en el habla como estrategia de segmentación para ir detectando los ítems léxicos o palabras.*

Todo esto está muy bien, y espero que el lector concuerde conmigo en que es una idea tan elegante como sencilla, pero... ¿cómo le preguntamos esto a unos bebés de ocho meses? Pues simplemente observamos cómo prestan atención a estímulos que conforman palabras y a aquellos que corresponden a no-palabras después de reproducir la cadena de sílabas durante dos minutos. Si los bebés hubieran reaccionado igual ante los dos tipos de estímulos, el experimento habría fracasado. No tendríamos ninguna indicación de que hubieran sido capaces de extraer aquellas cadenas de sílabas que aparecen juntas más a menudo (y si esto fuera así, probablemente yo no les estaría explicando el experimento, claro). Pero no fue así, los niños prestaban más atención a aquellos estímulos que en la fase de familiarización no conformaban una palabra que a aquellos que sí. Lo sabemos porque ante estos estímulos pasaban más tiempo mirando a la fuente de sonido y se distraían menos. Era como si les sorprendieran aquellos estímulos que, a pesar de haberlos oído durante la familiarización, no habían segmentado como palabras. El origen de tal sorpresa descansaba en el hecho de que los bebés habían actuado como máquinas estadísticas durante la fase de familiarización, computando de manera inconsciente la probabilidad de transición entre las sílabas de la monótona salchicha de sonidos que se les había presentado. Así, en la

---

* Note el lector que esta es solo una posible estrategia y que tal vez no sea suficiente para dar cuenta por sí sola de los procesos de segmentación de habla. De hecho, sabemos que esta señal contiene otras pistas explotadas por los bebés, como, por ejemplo, la alternancia entre sílabas acentuadas y no acentuadas, o la duración de las sílabas.

cabeza de los bebés había sucedido algo como: «Si aparece el sonido "tu" es muy probable que luego vengan "pi" y "ro", con lo cual este patrón que se va repitiendo parece ser una unidad de algo..., una palabra; mientras que si aparece "ro" es poco probable que aparezca "go", con lo cual la secuencia "rogola" no parece ser una unidad..., una palabra». Y usted pensaba que los bebés solo dormían, comían, y... ¡Pues no! Cuando vuelva a ver a uno piense que tiene delante una computadora estadística de lo más potente.

Nos hemos detenido en describir este estudio de manera un tanto detallada porque sirve de ejemplo del tipo de experimentos que se llevan a cabo para saber qué pistas fonológicas utilizan los bebés para ir dando sentido a la cadena sonora a la que se enfrentan. Gracias a ellos, ahora sabemos que los bebés son sensibles a muchas de las regularidades presentes en la señal del habla, como por ejemplo las posibles combinaciones de sonidos presentes en una lengua (lo que denominamos «reglas fonotácticas»), los patrones de entonación y acentuación, el repertorio de sonidos, etcétera. Aunque la sensibilidad máxima a cada una de estas propiedades varía según la edad, todas estas propiedades ayudarán al niño a ir extrayendo de la señal las palabras que le permitan construir el léxico o diccionario mental.

POR QUÉ ME HACEN ESTO... ¿Y SI LAS DOS LENGUAS NO CONCUERDAN?

Por si no fuera ya lo bastante ardua la tarea de ir decodificando la señal del habla durante los primeros meses del aprendizaje, aquellos bebés expuestos a dos lenguas a la vez tienen que afrontar retos adicionales. Aunque, como hemos visto, existen ciertas regularidades fonológicas en todas las lenguas, no tienen necesariamente que ser siempre las mismas, y de hecho no lo son. Volviendo al ejemplo de las secuencias de sonidos que son permisibles en una lengua: en español no existen palabras que empiecen con «str»; así pues, un bebé con suficiente exposición a esta lengua puede tender a considerar que la secuencia «risas tristes» contiene al menos dos palabras y que tal vez haya una frontera entre la «s» y la «t», al menos una frontera de sílabas. Ahora bien, en inglés sí que hay muchas palabras que empiezan con la secuencia «str» («strong», «stream», «strange», etcétera) y, por tanto, un bebé expuesto al inglés no debería tener la tendencia a identificar esos dos sonidos como pertenecientes a sílabas o palabras diferentes. Para este bebé, hipotetizar que en la secuencia «four streets» hay una frontera de palabras entre la «s» y la «t» sería contraproducente, ya que detectaría como resultado «fours treets». Y ahora viene el reto: ¿cómo gestionará esta situación un bebé expuesto al español y al inglés? Tomar una de las dos estrategias, sea la que sea, tendrá repercusiones negativas cuando intente aplicarla a la otra lengua. La confusión puede ser tremenda, pero en la realidad no parece haber un retraso importante en la extracción de las regularidades estadísticas cuando los bebés están expuestos a dos lenguas.

Por otro lado, hay propiedades fonológicas que son relevantes en una lengua y no en otra. Por ejemplo, hay lenguas denominadas «tonales», como el chino mandarín o el vietnamita, en las que una misma sílaba puede tomar diferentes tonos y corresponder a cosas diferentes. Es decir, si emitimos una sílaba con un tono más alto o más bajo, nos estaremos refiriendo a diferentes significados. Eso es lo que denominamos «propiedad contrastiva»: el tono (la frecuencia fundamental con la que producimos un sonido) es relevante para diferenciar ítems léxicos. Si le ayuda a entenderlo, piense que en español la intensidad con la que se emite una sílaba en una palabra también corresponde a una propiedad contrastiva. Es lo que llamamos «acento». Hay términos que solo se diferencian en la sílaba que lleva el golpe de voz, como en el par «sábana»/«sabana». Retomaremos la cuestión de los contrastes fonológicos más adelante. Pues bien, el tono en mandarín funcionaría igual en términos de su valor contrastivo. Este idioma tiene al menos cinco tonos, así que la sílaba «ma» puede significar cinco cosas diferentes: *mā* («madre»), *má* («entumecer»), *mǎ* («caballo»), *mà* («regañar»), *ma* (partícula interrogativa). De hecho, se puede crear un *raokouling*, o trabalenguas (*māma qí mǎ, mǎ màn, māma mà mǎ*, que significa «Mamá monta a caballo, el caballo es lento, mamá riñe al caballo»). Y usted que creía que aprender inglés era difícil, pruebe con el chino mandarín. Por cierto, si piensa que esta propiedad tonal es una rareza, tenga en cuenta que alrededor del 40 por ciento de las lenguas son tonales. Sin embargo, esta propiedad no es contrastiva en español, catalán o inglés, ni en muchas otras lenguas indoeuropeas. En estas, aunque las sílabas puedan emitirse con diferentes tonos, esto es irrelevante desde el punto de vista léxico. En español, la secuencia «pan» tiene un significado independientemente del tono en que se diga. Así pues, un bebé expuesto al chino mandarín tendrá que aprender a ser sensible al tono con que se emiten las sílabas, mientras que un bebé de entorno español tendrá que aprender a ignorar esa característica, al menos como propiedad contrastiva léxica. Otro reto que superar.

Queda claro entonces que el bebé expuesto a dos lenguas desde la cuna tiene que aprender que ciertas pistas de la señal son solo relevantes para una lengua y no para la otra, pero para ello tendrá en primer lugar que darse cuenta de que hay dos lenguas en juego. Es decir, tendrá que percatarse de que está en un ambiente bilingüe... Y, cuando lo haga, tal vez piense quejumbrosamente: «Por qué me hacen esto... ¿¡No era ya lo bastante difícil!?».

¡AJÁ! PAPÁ Y MAMÁ NO SUENAN IGUAL

Como se puede imaginar el lector, adivinar las quejas que tienen los bebés cuando se les expone a una situación bilingüe es un tanto complejo, y no creo que tenga demasiado interés científico. Al fin y al cabo, los bebés expuestos a dos lenguas acaban aprendiéndolas sin problemas, así que aunque se quejen (si es que lo hacen), acaban lidiando con la situación lo suficientemente bien para llegar a ser bilingües. Lo que sí es más interesante es saber cómo y cuándo estos bebés son capaces de darse cuenta de que, de hecho, esos chasquidos tan raros que papá hace con la boca tienen propiedades diferentes de aquellos otros de mamá. Es decir, ¿se dan cuenta los bebés de que hay dos códigos lingüísticos diferentes a su alrededor? Antes de pasar a dar respuesta a esta pregunta permítame que haga una pequeña digresión para mostrarle cómo nacemos ya sensibilizados a la señal del habla.

En un estudio realizado en Trieste y publicado en *Proceedings of the National Academy of Sciences*, Marcela Peña y sus colaboradores se propusieron estudiar la actividad cerebral de recién nacidos cuando eran expuestos a la señal del habla. Más concretamente, querían saber hasta qué punto la preferencia en los hablantes adultos para procesar el lenguaje en el hemisferio izquierdo estaba ya presente en los recién nacidos. Para ello, midieron la actividad cerebral de bebés de entre dos y cinco días ante diferentes tipos de estímulos mientras estos estaban dormidos. Había dos tipos de estímulos. Primero, la lengua normal, a través de cuentos que leían madres de bebés que no participaban en el estudio. Segundo, se reproducían esos mismos cuentos pero hacia atrás, reproduciendo la señal auditiva empezando por el final. Evidentemente, este último estímulo tiene muchas propiedades acústicas similares a la del habla normal (por ejemplo, el volumen es el mismo), pero salta a la vista (al oído, mejor dicho) que no es una lengua (el lector que tiene más de cuarenta años tal vez se acuerde de cómo sonaba la cinta de casete cuando la rebobinábamos mientras apretábamos el *play* o cuando se reproducía un disco en el sentido contrario al normal; pues más o menos eso). ¿Sería el cerebro de un bebé de dos días capaz de diferenciar entre las dos señales? La respuesta es afirmativa. Cuando se presentaba el cuento leído normal, la actividad cerebral, medida a través del consumo de oxígeno en el cerebro, era mayor que cuando se reproducía hacia atrás. Pero es que, además, la diferencia entre ambos estímulos estaba presente básicamente en el hemisferio izquierdo, que es el más implicado en el procesamiento del lenguaje en general. Así, el cerebro de los recién nacidos no solo reaccionaba de manera diferente a la señal del cuento en comparación a otra estimulación acústica similar, sino que era precisamente el hemisferio implicado en el lenguaje el que respondía selectivamente. Estos datos indican que nuestro cerebro nace ya sesgado para interpretar la señal del lenguaje de manera especial. Esta capacidad, sin embargo, no implica que los recién nacidos sean capaces de diferenciar entre dos lenguas.

Un buen número de estudios han mostrado que los bebés son capaces de discriminar entre lenguas que suenan bastante diferentes, tan pronto como... algunas horas después del nacimiento. Sí, sí, ha leído bien, poco después de nacer. Además, esta habilidad no requiere que los bebés hayan sido expuestos prenatalmente a tales lenguas. Un recién nacido de una mamá que hable español será capaz de discriminar entre, por ejemplo, el turco y el japonés. Obviamente, no sabrá que lo que está oyendo es turco y japonés, sino que son diferentes o, mejor dicho, que suenan diferentes. Y si esta habilidad no sorprende al lector, a ver si consigo sorprenderle con la siguiente información: algunos tipos de monos y de ratas son también capaces de diferenciar lenguas con propiedades fonológicas muy distintas, lo cual sugiere que ciertas capacidades de los humanos que tienen que ver con el procesamiento del lenguaje están presentes ya en otras especies que no desarrollan un lenguaje tan sofisticado como el nuestro.

Merece la pena detenernos un momento en cómo se ha podido saber que un recién nacido es capaz de diferenciar dos lenguas. ¿Cómo le hacemos esta pregunta a un bebé? La respuesta en este y otros muchos casos tiene que ver con los efectos que la familiarización con diversos estímulos provoca en los bebés. Cuando les sometemos repetidamente a estímulos de un cierto tipo (hasta aburrirlos, de hecho) y en una fase posterior se les muestran esos mismos estímulos u otros diferentes, su conducta cambia dependiendo del estímulo presentado. En general muestran una mayor preferencia por los novedosos (aquellos que no se han mostrado antes). Esto es, hay una diferencia en la conducta cuando se presenta un objeto nuevo y uno viejo y, por tanto, podemos llegar a saber qué es lo que los bebés están procesando. Esa preferencia la podemos explorar midiendo el tiempo que pasan prestando atención a una fuente de estímulos: cuanto más novedosa sea, mayor tiempo pasarán prestándole atención. ¡Lo nuevo mola!

Los estudios con recién nacidos de apenas unas horas de vida utilizan el método de la succión no nutritiva (piense en la pequeña Maggie Simpson, que aparece siempre succionando el chupete). Funciona de la siguiente manera: los bebés tienen el reflejo de succión desde el nacimiento, pero además este también responde al nivel atencional del bebé. Cuanta más atención, más succión. Si exponemos a un bebé a un estímulo repetitivo, por ejemplo, la cadena de sílabas «ba, ba, ba, ba, ba», veremos que su tasa de succión y/o fuerza va decreciendo a medida que se van presentando estos estímulos, o mejor, el mismo estímulo varias veces. Esa amplitud o tasa de succión se mide con un chupete electrónico que registra cada movimiento reflejo que el bebé realiza. No se asuste, no es un método invasivo en absoluto, es simplemente un chupete normal que tiene un sensor electrónico que permite medir las propiedades de cada succión. Lo que es posible que nos esté diciendo el bebé con ese descenso de succiones es: lo he pillado, me estás presentando siempre lo mismo y me aburre oírlo continuamente. Si eso fuera así, un cambio de estímulo haría que el bebé dejara de aburrirse y consecuentemente aumentaría la succión; recuerde: ¡lo nuevo mola! Claro, eso sucedería siempre y cuando el bebé fuera capaz de notar la diferencia entre el estímulo que le ha aburrido y el nuevo; si no fuera capaz de notar la diferencia, continuaría aburridísimo. Pues bien, siguiendo con el ejemplo, la tasa de succión o amplitud aumenta cuando en la secuencia «ba, ba, ba, ba, ba» se intercala la sílaba «pa». Eso significa necesariamente que el bebé ha notado un cambio, una diferencia entre lo que se repetía y le acababa aburriendo («ba») y el nuevo estímulo («pa»). De hecho, como veremos más adelante, esta técnica nos ha servido para saber que al poco de su nacimiento los bebés son capaces de discriminar entre sonidos de todas las lenguas.

Ahora que ya tenemos una manera de preguntarle al bebé qué cosas diferencia y cuáles no, volvamos a la cuestión que teníamos entre manos. Para saber si distingue, por ejemplo, entre el turco y el japonés, se le expone a una serie de frases en una de las lenguas (turco) y en el ensayo crucial o bien se intercala otra frase de la misma lengua o bien una de la otra (japonés); si la succión es diferente entre estos dos ensayos, *voilà!*, el bebé diferencia las lenguas.

Este tipo de estudios, en los que mi mentor Jacques Mehler fue un pionero, nos han proporcionado información acerca de qué tipos de lenguas se pueden diferenciar a edades muy tempranas y qué tipos no, y han ayudado a agrupar las lenguas en diferentes familias dependiendo de sus propiedades fonológicas, es decir, de cómo suenan. De nuevo, es posible que no todas las similitudes sonoras entre diversas lenguas tengan igual relevancia para el bebé. Lo que nos interesa es, precisamente, conocer aquellas propiedades en las que se fija el bebé a la hora de separar las lenguas, porque de alguna manera nos está dando información de qué propiedades fonológicas son más importantes a la hora de aprenderlas. Pues bien, lo que sabemos en la actualidad es que la capacidad de diferenciar lenguas que son de diversas familias fonológicas aparece muy pronto. Por ejemplo, diferenciar una cadena de sonidos del holandés de una del japonés es relativamente fácil. Sin embargo, la capacidad de distinguir entre frases que pertenecen a dos lenguas de una misma familia fonológica aparece un poco más tarde, y es necesario que al menos una de ellas sea conocida para el bebé. Es decir, un bebé italiano podrá discriminar dos lenguas de una misma familia fonológica (el español y el italiano), pero le será mucho más difícil hacerlo entre el español y el catalán, aunque todas ellas pertenezcan a la familia latina. La exposición a una lengua, por tanto, es fundamental para separarla de otras similares.

El hecho de que los recién nacidos sean capaces de diferenciar dos lenguas no garantiza, *per se*, que los bebés bilingües no experimenten cierto grado de confusión. Una cosa es que el bebé pueda ver la diferencia entre lenguas dispares a las que no está expuesto, y la otra es que precisamente cuando esté expuesto a ellas tenga cierto grado de confusión. Además, uno podría pensar que la confusión sería todavía mayor si las lenguas fueran de la misma familia fonológica. De manera más llana, cuanto más se parecen dos cosas más probabilidades tengo de pensar que pertenecen al mismo todo. Así, la cuestión es hasta qué punto las capacidades para discriminar lenguas se ven favorecidas o interferidas por la exposición bilingüe.

Aunque la información que tenemos a este respecto es un tanto limitada, gracias a los estudios de Núria Sebastián y sus colaboradores sabemos que a los cuatro meses los bebés bilingües castellano-catalán ya son capaces de diferenciar entre idiomas tan similares como estos dos. De hecho, los bebés monolingües del castellano también son capaces de hacerlo. Sin embargo, parece que no lo hacen de manera idéntica. Los monolingües se orientan más rápidamente a una fuente de sonido cuando esta corresponde a su lengua materna que cuando corresponde a una lengua no conocida. Déjeme que me explique. En el estudio en cuestión, se midió el tiempo que tardaban los bebés en orientarse a una fuente de sonido cuando esta correspondía a una u otra lengua (figura 2). Para ello se les mostraba un estímulo visual en una pantalla de ordenador. Cuando el bebé lo miraba atentamente, es decir, fijaba los ojos en él durante algunos segundos, entonces sonaba una frase en un altavoz situado a un lado de la pantalla. Este altavoz estaba cubierto con el dibujo de la cara de una mujer. La frase podía ser en la lengua materna del bebé o en una lengua desconocida. Pues bien, los bebés monolingües tienden a mirar la fuente de sonido más rápidamente cuando la frase corresponde a la lengua materna que cuando corresponde a la lengua desconocida, mientras que con los bebés bilingües ocurre lo contrario. Todavía no tenemos una explicación convincente de este fenómeno, aunque podría sugerir que los bebés bilingües están evaluando cuál de sus dos lenguas familiares es la que está siendo reproducida, lo cual le llevaría un tiempo adicional. Pero esto es solo una hipótesis. Lo importante aquí es saber que son capaces de diferenciar sus dos lenguas de las demás.

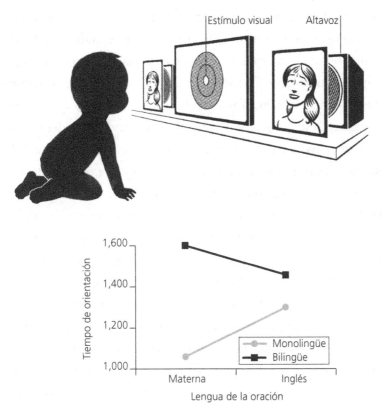

Figura 2: Este sería el montaje del experimento. En el gráfico se muestra el tiempo de orientación de los bebés monolingües y bilingües hacia su lengua materna o al inglés. Como se puede observar, los bebés monolingües se orientan con mayor rapidez a su lengua materna mientras que los bilingües lo hacen a la extranjera.

EXPERIENCIA BILINGÜE ANTES DE NACER

Es interesante que cerremos el tema sobre la discriminación de lenguas haciendo referencia a cuál es el efecto de la experiencia bilingüe antes de nacer; sí, ha leído bien, antes de nacer. Porque, en principio, podría no ser lo mismo estar en el vientre de una mamá que solo habla una lengua de una que habla dos. Sabemos que los bebés, al nacer, pueden diferenciar la voz de la madre respecto de otras voces. De hecho, muestran preferencia por frases pronunciadas por la madre en comparación con las de un extraño. Esto no es muy sorprendente, ya que después de todo han estado oyendo esa voz durante unos cuantos meses y, aunque es cierto que las condiciones sonoras ahí dentro no son las mejores, por lo que parece algo queda. Desde el punto de vista de la supervivencia del individuo, es obviamente muy adaptativo saber si el que está a tu lado hablándote es tu madre o un extraño. Pero es que, además, los recién nacidos muestran preferencia no solo por la voz sino también por la lengua que ha utilizado la madre durante la gestación. Bebés de dos días de vida cuyas mamás han hablado español durante la gestación tienden a preferir escuchar esa lengua aunque la frase la diga un extraño, y aquellos cuyas mamás hablan inglés, tienden a ese idioma. Por lo visto, nueve meses dan para mucho.

Si es cierto que los bebés toman contacto con su lengua materna ya antes de nacer, la cuestión es qué consecuencias tiene el hecho de que esa experiencia implique dos lenguas diferentes. ¿Pensarán que tienen dos madres?, ¿o mezclarán las palabras como si lo que han escuchado ahí dentro perteneciera al mismo idioma? De hecho, esta última opción sería la lógica, dado que esos sonidos que escuchan provienen de la misma persona. Pues resulta que ni lo uno ni lo otro. Bebés cuyas mamás utilizaban habitualmente el tagalo (la lengua mayoritaria de Filipinas) y el inglés cuando estaban embarazadas, no muestran una preferencia por ninguna de las dos lenguas al nacer. ¿Significa eso que no las diferencian? ¿Que las están mezclando? Después de todo, los bebés que solo han escuchado a la mamá hablar en inglés durante la gestación muestran una preferencia por ese idioma. Pues resulta que no, que no están confundidos y que no piensan que tienen dos madres. A pesar de que no muestren preferencia por ninguna de las dos lenguas (¿por qué deberían, además, si ambas son las de mamá?), cuando se les hace la prueba del «aburrimiento» que hemos descrito más arriba, muestran que están notando la diferencia. Dicho de otro modo, la experiencia bilingüe prenatal no confunde al bebé, así que si está usted embarazada, hable en las lenguas que le apetezca... No hay problema, aunque creo que usted ya lo sospechaba.

No solo de sonidos vive el hombre... Léeme los labios

El medio fundamental utilizado por el lenguaje es el sonoro. Pasamos una gran parte del día hablando y, de vez en cuando, escuchando. Esto es así incluso después de aprender a leer y a escribir, e incluso si estamos secuestrados por los nuevos canales de comunicación como Twitter, Whatsapp, Facebook, etcétera, que utilizan básicamente el medio escrito. Recuerde, somos *talking heads*... ¡y no tanto *writing heads*! Cabezas parlantes, y no tanto escribientes. O, como dijo Charles Darwin de una manera más elegante en *El origen del hombre*: el ser humano tiene una tendencia instintiva a hablar, como podemos ver en el balbuceo de nuestros pequeños, mientras que ninguno de ellos muestra una tendencia instintiva a fabricar cerveza, hacer pan o escribir.

Ahora bien, durante el habla la señal auditiva va generalmente acompañada por otro tipo de pistas que afectan a nuestra percepción de ella. Tal vez el lector no se haya dado cuenta, pero cuando hablamos con alguien (si no es por teléfono, claro) tendemos a mirar las muecas que esta persona hace con la boca; nos fijamos en los labios y en los movimientos articulatorios que acompañan los sonidos que provienen de ellos. Esto se hace más evidente en situaciones de difícil comprensión auditiva, como por ejemplo cuando hay ruido, cuando estamos en una discoteca, cuando charlamos en un concierto, o... cuando interactuamos en una segunda lengua que nos cuesta entender. Estoy seguro de que el lector ha notado esa tendencia cuando, por ejemplo, ve una película mal doblada en la que los movimientos de los labios no corresponden a lo que se escucha, o cuando hay una desincronización entre el audio y la imagen de la pantalla. Aunque sea solo una anécdota, vemos que un pequeño desajuste temporal entre ambos se convierte en una experiencia de lo más irritante, ¿a que sí? Esto muestra que los humanos juntamos de manera casi automática la información visual y la auditiva mientras hablamos con alguien. Si quiere pasar un rato divertido puede experimentar una ilusión audiovisual denominada «efecto McGurk», que ejemplifica a la perfección este fenómeno. En este caso, la propia experiencia vale más que las palabras. (Pruebe a buscar en Youtube «efecto McGurk».) Si ya ha visto el vídeo, entenderá que cuando escuchamos nos gusta mirar a los labios, y eso nos ayuda a procesar el habla en situaciones de dificultad.

Pero ¿qué tiene que ver esto con los bebés bilingües? Resulta que los bebés parece que también utilizan pistas visuales para discriminar las lenguas. Bebés de entre cuatro y seis meses son capaces de distinguir entre el francés y el inglés solo viendo vídeos de personas hablando en esas lenguas... ¡vídeos sin voz! Esta capacidad se mantiene hasta los ocho meses para aquellos bebés que han estado expuestos a dos idiomas, pero, sin embargo, no para aquellos que lo han estado solo a uno. La exposición bilingüe parece fortalecer y alargar temporalmente esta capacidad de fijarse en los movimientos articulatorios de los labios para diferenciar las lenguas.

De hecho, parecería que existe ya un sesgo muy temprano asociado a la experiencia bilingüe hacia prestar atención a los movimientos articulatorios. Los bebés bilingües de cuatro meses fijan su mirada durante más tiempo en la boca de quien les habla que los bebés monolingües. Este sesgo se mantiene al menos hasta el año de vida, y sugiere que la complejidad de estar expuesto a dos lenguas hace que el bebé intente extraer tanta información del acto comunicativo como sea posible para diferenciarlas, sea esta información acústica o visual. De nuevo la sorpresa... Y usted pensaba que solo dormían, comían y... ¡Pues no, están a la que saltan!

El hecho de que los bebés bilingües puedan discriminar lenguas solo con pistas visuales puede que no sorprenda demasiado al lector... Aunque le reto a que lo pruebe. Baje el volumen de la televisión e intente acertar en qué lengua están hablando los actores de una película. Buena suerte. Pero es que el efecto de la experiencia bilingüe en la capacidad de leer los labios va más allá. Resulta que a los ocho meses de edad los bebés bilingües castellano-catalán son capaces de discriminar visualmente entre dos lenguas a las que no han estado expuestos (francés e inglés) mientras que los bebés monolingües (ya sea del castellano o del catalán) no. Definitivamente, algo parece que está ocurriendo con estos bebés bilingües a los que les gusta tanto mirar los labios.

CONSTRUIR EL REPERTORIO DE SONIDOS DE LA(S) LENGUA(S)

Hemos empezado el capítulo describiendo el estudio donde se exploraba la capacidad de los bebés para extraer las regularidades estadísticas presentes entre los diferentes sonidos que forman un idioma. Hemos visto cómo esa habilidad es muy útil para ir segmentándolo y descubrir las cadenas de sonidos que son candidatas a formar palabras. En paralelo al desarrollo de esta habilidad los bebés tienen que ir aprendiendo los sonidos que están presentes en su lengua, denominados fonemas. Los fonemas son las unidades más pequeñas que diferencian dos palabras. Las palabras «rata», «lata», «mata», «cata», «gata», «chata» y «nata» se distinguen entre ellas en su primer fonema. Por tanto, la diferencia entre, por ejemplo, la «l» y la «r» la denominamos «contrastiva», ya que el uso de un fonema u otro nos da palabras diferentes, lo mismo que sucedía con el tono en el chino mandarín. Tener dificultades en la adquisición de esos fonemas contrastivos puede llevar a errores como decir «aloz» en vez de «arroz». Le resulta familiar, ¿no? Lo retomaremos más adelante.

Una de las tareas fundamentales del bebé durante los primeros meses del aprendizaje es la de ir elaborando lo que denominamos «repertorio de fonemas» (o fonológico) de la lengua a la que está expuesto. Dicho de otra manera: el bebé tiene que aprender el repertorio de los chasquidos que papá y mamá hacen con la boca.

Los bebés nacen con la capacidad para adquirir cualquier repertorio fonológico presente en las lenguas naturales. Si esto no fuera así, y como hemos argumentado más arriba, aquellos que no fueran susceptibles de ser aprendidos, desaparecerían. Así que, aunque nos parezca increíble, los bebés de por ejemplo seis meses son capaces de discriminar sonidos muy cercanos pertenecientes a lenguas a las que nunca han estado expuestos con casi la misma habilidad que los que sí han sido expuestos a ellas. Los problemas que algunos adultos cuya lengua materna es el chino tienen con la «l» y la «r» no están presentes en bebés que nacen en entornos donde se habla esa lengua.

Pero esta habilidad para reconocer cualquier contraste fonológico se reduce a medida que los bebés van creciendo. En uno de los estudios que ha pasado a ser un clásico sobre la adquisición del lenguaje, realizado por Janet Werker y sus colaboradores, se evaluó la capacidad de diversos bebés de diferentes edades para discriminar sonidos de su lengua materna respecto a los de una lengua a la que no habían sido expuestos. Participaron bebés de entre seis y doce meses que estaban creciendo en ambientes donde se hablaba hindi o inglés, y se exploró su capacidad para discriminar dos fonemas muy similares del hindi que no se utilizan contrastivamente en inglés. Es decir, estos dos sonidos, en concreto dos tipos diferentes de algo similar a la «d» del español, sirven para discriminar palabras en hindi pero no en inglés. Por tanto, para aquellos bebés que están aprendiendo hindi, es importante la diferencia entre ambos tipos de «d», ya que pueden dar lugar a palabras distintas, mientras que tal diferencia es irrelevante para los bebés expuestos al inglés; de hecho, bien harían en ignorarla. Pues bien, resulta que los bebés, a los seis meses, eran capaces de discriminar entre ambos sonidos con independencia de qué lengua estaban aprendiendo. Sin embargo, a los doce meses solo los bebés que habían estado expuestos al hindi eran capaces de discriminar entre las dos «d». Es decir, en solo doce meses de exposición a una lengua en la que ese contraste no era relevante, se perdía (o por lo menos se reducía muy significativamente) la capacidad para diferenciar esos sonidos. El tiempo vuela en lo que se refiere a nuestra capacidad para distinguir sonidos.

Este resultado y otros similares son importantes por varios motivos. Primero, nos muestran que al menos hasta los seis meses los bebés son sensibles a captar el contraste de unos sonidos a los que no están habitualmente expuestos. Segundo, esta capacidad parece perderse a muy temprana edad si no se ha tenido una exposición natural al contraste fonológico en cuestión. Además, esta pérdida de sensibilidad viene acompañada por un incremento en la sensibilidad para detectar diferencias sutiles entre los fonemas de la lengua a la que sí está expuesto el bebé. A este fenómeno se le denomina «estrechamiento o adaptación perceptual» (*perceptual narrowing*, en inglés) y, como acabamos de ver, tiene dos caras. A medida que vamos aprendiendo una lengua nuestra capacidad para procesar sus elementos fonológicos aumenta, a la vez que disminuye la de procesar elementos fonológicos de una lengua nueva. Esta adaptación perceptual parecería a primera vista una desventaja, pero, de hecho, es un gran rasgo de adaptación, porque permite separar el grano de la paja, es decir, nos permite prestar atención a la información relevante en el ambiente (el grano) y, a su vez, obviar variaciones que son irrelevantes (la paja). Sin embargo, este estrechamiento perceptual acarrea un coste, ya que esta pérdida en la capacidad para procesar elementos fonológicos de una lengua a la que no se ha sido expuesto de muy pequeño podría estar detrás del origen del acento extranjero con el que la hablamos.

Uno podría pensar que al tener que procesar dos lenguas diferentes el fenómeno de la adaptación perceptual se ve afectado de manera significativa. Es decir, podría ser que el aumento de la variabilidad a la que los bebés bilingües se enfrentan ante dos lenguas redujera la sensibilización a la información relevante de cada una de ellas. Pero este fenómeno está presente en bebés bilingües y monolingües más o menos a la misma edad, así que no parece que esa experiencia altere el desarrollo a este nivel de procesamiento lingüístico.

De hecho, la experiencia bilingüe tampoco parece alterar significativamente el establecimiento de las categorías fonológicas. Por ejemplo, a los doce meses los bebés bilingües francés-inglés son capaces de discriminar contrastes que aparecen en sus dos lenguas del mismo modo que los bebés monolingües del inglés ya solo son capaces de discriminar aquellos de su lengua. Lo cierto es que son unas máquinas.

Uno de los retos que los bebés bilingües afrontan en relación con el repertorio fonológico es que en ocasiones dos fonemas pertenecientes a cada una de sus lenguas pueden sonar de manera muy parecida pero no exactamente igual. Por ejemplo, considere el sonido «b» del inglés y del español. A simple vista suenan igual, pero no es así. La «b» del español tiende a tener cierta sonorización antes de que abramos la boca mientras que la del inglés no. Con sonorización me refiero a que las cuerdas vocales vibran un poquito antes de que abramos la boca y suene la vocal. Hágalo usted mismo: ponga la mano sobre la nuez, cerca de las cuerdas vocales. Intente producir la sílaba «pa» pero sin llegar a emitir el sonido «a». Verá que las cuerdas vocales no vibran, o al menos no lo hacen hasta que no despega los labios para emitir la vocal. Ahora, intente pronunciar la sílaba «ba». Antes de despegar los labios, notará cómo las cuerdas vocales le vibran un poco. Bueno, pues esa es la diferencia entre «ba» y «pa»: la primera se sonoriza antes de abrir la boca y la segunda no, una diferencia muy fina y de muy pocos milisegundos.

Aprender la distinción entre cómo pronunciar una «b» del inglés y una del español es muy difícil, y es también parte de por qué tenemos acento extranjero. ¿Cómo gestionan esta situación los bebés bilingües? Lo que sabemos es que a los diez meses son capaces de discriminar las dos realizaciones diferentes del mismo sonido en cada una de sus lenguas. Por el contrario, el hablante monolingüe no, todas le parecen la misma «b», probablemente la suya. Es decir, el bebé monolingüe ha agrupado todas esas variaciones de la «b» bajo una misma categoría, mientras que el bilingüe las ha separado en dos categorías, las «b» del inglés y las del español. Queda claro, entonces, que los bebés bilingües son capaces de estructurar su repertorio fonológico diferenciado para cada una de las lenguas.

Al principio del capítulo hemos visto cómo las lenguas varían respecto a la combinación de sonidos que son aceptables en cada una de ellas, o lo que denominamos «reglas fonotácticas». Recuperando el ejemplo presentado al comienzo, la combinación «str» al principio de palabra es inexistente en español pero relativamente común en inglés. Sabemos que los bebés de alrededor de nueve meses han tenido la suficiente experiencia con la lengua para mostrar cierta sensibilidad a sus reglas fonotácticas. Esto lo sabemos porque muestran cierta preferencia por escuchar palabras que contienen secuencias de sonidos altamente frecuentes en su lengua antes que secuencias menos frecuentes. En el caso del bebé bilingüe, volvemos a encontrarnos con la misma situación que antes: no solo es que el bebé tenga que realizar el doble de trabajo, sino que además debe garantizar que la información estadística que compute para una lengua no se mezcle con la que compute para la otra. ¿Son los bebés capaces de ir construyendo esas regularidades por separado? La información de que disponemos sobre esta cuestión es muy limitada. En un estudio realizado en Barcelona, se exploró hasta qué punto los bebés monolingües del castellano o del catalán muestran preferencias por cadenas de sonidos que son fonotácticamente posibles en catalán, es decir, que aparecen a menudo en esa lengua, con respecto a cadenas que no aparecen nunca. Los resultados fueron claros: a los diez meses los bebés expuestos solo al catalán mostraban una preferencia por las cadenas permitidas en esa lengua, mientras que los bebés expuestos solo al castellano no. Hasta aquí todo cuadra. Si me expones a algo lo pillo; si no, pues no lo pillo. ¿Qué sucedía con los bebés bilingües? Pues bien, aquellos cuya lengua materna era el catalán y tenían una mayor exposición a ella, realizaban la tarea como los bebés monolingües del catalán. Sin embargo, aquellos de ambientes con un castellano más dominante no mostraban una preferencia tan marcada por las cadenas de sonidos permitidos en catalán. Esta diferencia tal vez provenga de la variación en la cantidad de estímulos lingüísticos (*inputs*, en inglés) que recibe el bebé en su lengua no dominante, lo cual parece afectar al desarrollo de las reglas fonotácticas de las dos lenguas, al menos a estas edades tan tempranas.

Descubriendo palabras, pero ¿qué significan?

Hasta aquí hemos visto algunas de las estrategias que siguen los bebés para ir segmentando la señal del habla y encontrar secuencias de sonidos que podrían ser candidatas a formar palabras. Lo cierto es que he hecho un poco de trampa, pero solo un poco. Una cosa es que el bebé sea capaz de reconocer cadenas de sonidos que tienden a ir juntas, y otra cosa es que descubra palabras, en el sentido que tiene el término «palabra» comúnmente. En la frase en alemán a la que me he referido al principio del capítulo podíamos detectar las cadenas de letras que iban juntas... pero no sabíamos a qué se referían; por tanto, no estábamos descubriendo palabras. Eso implica asociar la cadena de sonidos en cuestión a un referente en el mundo real, ya sea un objeto, una idea o una propiedad. Es decir, cuando aprendemos una lengua no solo nos tenemos que dar cuenta de que la secuencia «perro» aparece con frecuencia, sino también descubrir que esa secuencia se refiere a ese animal que nos hace tanta gracia y no solo, por ejemplo, a sus orejas.

Como hemos visto en apartados anteriores, sobre los seis meses los bebés son relativamente buenos en detectar patrones de sonidos que aparecen frecuentemente en una señal (¿recuerda la cadena de sonidos y la palabra «tupiro»?). Y, de hecho, a esa edad ya son capaces de asociar algunas de esas cadenas de sonidos a sus referentes, siempre que estas sean muy comunes. Bien es cierto que a los padres nos parece que se produce un incremento muy significativo del aprendizaje de palabras alrededor del año y medio, y que los niños empiezan realmente a descubrir palabras a un ritmo más constante y veloz a esa edad (unas diez por semana). Es el momento al que con frecuencia se le denomina «periodo de explosión léxica». Sin embargo, estas observaciones se refieren al repertorio de palabras que los niños son capaces de emitir a esa edad, lo cual no significa que en edades más tempranas no hayan aprendido ya muchas de ellas y sean capaces de reconocerlas cuando las decimos. Esto es, una cosa es que sean capaces de decirlas en voz alta y otra cosa es que puedan entenderlas cuando las escuchan.

Para ejemplificar cómo los investigadores exploran estas capacidades de los bebés, describamos el estudio realizado por Janet Werker y sus colaboradores en la Universidad de British Columbia. En este estudio se quería averiguar a qué edad los bebés eran capaces de asociar palabras con sus referentes. Para ello, se les familiarizaba con dos objetos nuevos a los que correspondían dos palabras desconocidas para ellos. Así, en un ensayo los bebés veían un objeto nuevo (objeto 1) a la vez que oían una palabra nueva (palabra 1), y en otro ensayo, otro objeto nuevo (objeto 2) junto con otra palabra nueva (palabra 2). O sea, cada oveja con su pareja. La cuestión es si el bebé realmente se daba cuenta de ello. Si fuera así, cuando se cruzaran los objetos con las palabras, es decir, se desparejaran las ovejas, los bebés se sorprenderían. Eso es exactamente lo que hicieron en el estudio y, después de la fase de familiarización, se presentaba a los bebés cada objeto con su correspondiente palabra o con la otra. Así, el objeto 1 podía aparecer o bien con la palabra 1 (emparejamiento consistente), o bien con la palabra 2 (emparejamiento inconsistente), y lo mismo para el objeto 2. Los resultados fueron claros: los bebés miraban durante más tiempo los objetos cuando estos aparecían con un emparejamiento inconsistente que cuando lo hacían con uno consistente. En otras palabras, parecían sorprendidos por el hecho de que esos objetos aparecieran con una etiqueta verbal que no les correspondía. Simple y elegante, ¿no cree? Ahora bien, esta discriminación solo se producía a partir del año de vida del bebé, y no antes.

Llegados a este punto, la cuestión es hasta dónde esta capacidad para asociar objetos a sus referentes se ve afectada en los bebés bilingües. Aquí, *a priori*, hay razones para pensar que los mecanismos de aprendizaje podrían ser relativamente diferentes. Y es que, por definición, para los bebés bilingües cualquier objeto puede llevar dos palabras asociadas, una en la lengua de papá y otra en la de mamá. Los bebés bilingües se enfrentan, pues, a un estímulo lingüístico más variable. Los mismos investigadores realizaron también el estudio de la asociación entre objetos y palabras nuevas, y observaron que a los catorce meses tanto los bebés bilingües como los monolingües se muestran sorprendidos cuando se rompe la asociación entre objetos y palabras establecida durante la fase de familiarización. Además, ambos grupos no mostraban tal sorpresa a los doce meses, lo cual sugiere un patrón de desarrollo común para los dos. Por tanto, no parece que la experiencia bilingüe afecte a la capacidad para relacionar objetos y palabras.

Sin embargo, sí que parece haber ciertas diferencias en alguna de las estrategias que se ponen en juego durante el aprendizaje de términos por parte de los bilingües y los monolingües. Una de ellas es lo que se denomina «heurística de la exclusividad mutua». Esta heurística, o estrategia, está basada en el sesgo que presentamos todos, niños y adultos, al considerar que cada referente u objeto del mundo real puede tener solo una palabra que lo describa. Esto ayuda a los bebés a hipotetizar que si alguien se refiere a un objeto conocido con una palabra diferente a la que ya conoce, entonces su referente tiene que corresponder a otra cosa, como alguna parte, sustancia o propiedad del objeto en cuestión. Este principio de exclusividad mutua lleva al niño a desarrollar el sesgo de desambiguación, que es muy útil para ligar palabras nuevas a referentes nuevos. Por ejemplo, si mostramos a un niño de dieciocho meses dos objetos, uno que sabemos que conoce (un conejito de peluche) y otro que no existe en el mundo real (una mezcla entre un rinoceronte y una rana), cuando decimos una palabra nueva el niño tenderá a mirar al objeto que no conoce (el «rinorrana») y no tanto al otro. Es como si pensara: «Si oigo una palabra nueva, y sé que ese objeto peludo y con orejas grandes se llama "conejo", entonces es probable que la palabra se refiera al otro objeto que me acaban de enseñar». Buena estrategia para ir construyendo un vocabulario. De nuevo, el caso de los bilingües es un poco más complicado, porque para ellos los objetos pueden llevar dos palabras asociadas. Es decir, la palabra nueva podría referirse también a «conejo», pero en la otra lengua. En consecuencia, para él utilizar el principio de exclusividad mutua podría ser arriesgado. De hecho, algunos estudios han mostrado que el sesgo de desambiguación es menos prevalente en niños bilingües y, en especial, multilingües. Es decir, los bilingües no tienden a mirar más al objeto nuevo cuando se presenta una palabra diferente. Además, la suspensión del sesgo de desambiguación parece depender de cuántas traducciones conoce ya el bebé, de acuerdo con lo que los padres reportan. Es decir, aquellos niños que conocen más traducciones en sus dos lenguas tienden a mostrar una menor aplicación de la heurística. Por tanto, parecería que la experiencia bilingüe que implica el aprendizaje de traducciones referidas a un mismo objeto reduce la puesta en práctica de la estrategia de la mutua exclusividad. Tiene sentido.

Lo que nos queda por saber es qué otras estrategias siguen los bebés bilingües que les permiten compensar la reducción de la estrategia de mutua exclusividad. Digo compensar porque, cuando contabilizamos cuántas palabras conocen los bebés, resulta que los bilingües saben más que los monolingües. Maticemos, no obstante, esta afirmación. El número de etiquetas léxicas que los bebés bilingües reconocen en cada una de sus lenguas es inferior al de los bebés monolingües. Sin embargo, cuando consideramos el número «total» de palabras, esto es, sumando las que conocen de las dos lenguas, el número es mayor que el de los bebés monolingües. Además, que conozcan menos palabras en cada una de sus lenguas no significa que tengan menos conceptos asociados a palabras, esto es, saber que aquel animal peludo que hace guau corresponde a alguna palabra, sea «perro» o sea «dog». De hecho, bilingües y monolingües no se diferencian en este aspecto, y consiguen asociar conceptos a palabras (eso sí, a veces no siempre en las dos lenguas al mismo tiempo) a un ritmo similar. Así que deje de preocuparse, los bebés bilingües no parecen tener un retraso en la adquisición de palabras; simplemente tienen el doble de ellas que aprender. Retomaremos esta cuestión en el capítulo 3.

El contacto social en el aprendizaje

Recuerdo que cuando estaba en el bachillerato corría la leyenda urbana de que si mientras dormías te ponías una grabación con la lección que tenías que aprender, la información se te quedaba en la cabeza. Supongo que la misma gente que había dado con tal disparate también desarrolló la idea de que esa estrategia servía de igual forma para aprender una lengua extranjera. He de confesar que lo probé alguna vez, y dadas las notas que saqué en inglés en el bachillerato parece que no me funcionó demasiado. Les explico esto porque hay muchos padres que quieren que sus bebés aprendan una segunda lengua desde bien pequeñitos. A veces eso lleva a la creencia de que una simple exposición a esa lengua puede beneficiar en su adquisición (aquello de: «Tú ponle los dibujos en inglés que ya verás como el nene lo va pillando»). Después de todo, si los bebés son tan buenos en extraer regularidades estadísticas de la señal lingüística de manera bastante automática, sería razonable pensar que con solo exponerlos a una nueva señal sería suficiente para que la fueran aprendiendo. Les tengo que dar malas noticias a estos padres: algo posiblemente sí, mucho parece que no. La mera exposición pasiva a una lengua aparentemente no es demasiado eficaz. De hecho, la interacción social es fundamental para la adquisición de una lengua, incluso para el aprendizaje de representaciones tan básicas como los sonidos. Veamos un ejemplo.

En un estudio dirigido por Patricia Kuhl, de la Universidad de Washington, se exploró la adquisición de sonidos pertenecientes a una lengua extranjera. Para ello se diseñó un protocolo de aprendizaje en el que dos grupos de bebés de nueve meses monolingües nativos del inglés interactuaban con un tutor de manera relajada, ya fuera jugando o leyendo libros. Un grupo tenía un tutor que les hablaba en chino mandarín (una lengua que desconocían por completo), y el otro, un tutor que les hablaba en inglés (el grupo de control). Después de este protocolo de aprendizaje, o si se quiere de interacción, que duró alrededor de cuatro semanas, se exploró la capacidad de los bebés para discriminar un contraste fonológico que se da en mandarín pero no en inglés. ¿Habrían aprendido los niños expuestos al mandarín ese contraste? Pues sí, eran capaces de discriminar ese contraste no solo mejor que los niños del grupo de control, sino incluso con el mismo éxito con que lo hacían niños expuestos al mandarían durante diez meses.

Estos resultados son muy interesantes porque muestran la rapidez y fiabilidad con la que los niños pueden adquirir nuevos sonidos (o al menos mejorar su aprendizaje). Buenas noticias. Pero si es tan fácil aprender ese contraste, a lo mejor nos podríamos ahorrar el tutor. Tal vez solo exponiendo a los niños a esa otra lengua sería suficiente para que adquirieran esos patrones sonoros, y podríamos prescindir del adulto que interactúe con ellos. Pues dicho y hecho: en un estudio posterior se expuso a otro grupo de bebés a un protocolo de aprendizaje modificado. La diferencia era que los niños verían al tutor por la televisión, o simplemente lo escucharían en una grabación sin tener contacto visual con él. La información auditiva que recibían los bebés era exactamente la misma que la que había recibido el grupo que interactuaba con el adulto. Es decir, la información que les iba a permitir distinguir el contraste era la misma que en el estudio anterior. Lo único que cambiaba es que ahora no había contacto social. No había tutor que interactuara con ellos. ¿Aprenderían ahora los niños a apreciar el contraste fonológico de la lengua extranjera?

La respuesta fue un rotundo no. Es decir, solo con la exposición auditiva y sin la presencia del tutor, la capacidad de distinguir el contraste fonológico del mandarín fue exactamente igual a la de los niños del anterior grupo de control, que solo habían escuchado inglés. Estos resultados sugieren que el contexto social comunicativo es fundamental para el aprendizaje de una lengua extranjera, y que una mera exposición sin tal contexto no parece dar resultados. Y eso es así porque la motivación y la atención del niño es mucho mayor cuando interactúa con alguien que cuando es un receptor pasivo de información. Así que si realmente quiere que su hijo aprenda otra lengua, juegue con él utilizando esa lengua, y no confíe tanto en que los dibujos de la tele le harán el trabajo. Como dirían los ingleses: «No pain, no gain» (sin dolor no hay recompensa).

EL LENGUAJE COMO MARCADOR SOCIAL

Antes de concluir el capítulo, quisiera compartir con el lector unos estudios que muestran cómo de importante es la lengua que utilizamos desde el punto de vista social y las consecuencias que ello puede tener para el uso de una segunda lengua.

No podemos evitar dividir nuestro contexto social de acuerdo con las diferentes propiedades de los que nos rodean en relación con las nuestras. Nos fijamos en el color de la piel, el sexo, la manera de vestir y, obviamente, la lengua de los demás. Eso nos ayuda a identificarnos con los que son como nosotros y diferenciarnos de los que no. Para bien o para mal (en especial si eso nos lleva a marginar a aquellos que son diferentes), estamos hechos así. La cuestión que nos interesa aquí es hasta qué punto los niños se sirven de los aspectos lingüísticos para dirigir sus preferencias en la interacción social.

Fíjese en el siguiente experimento, que creo que es tan sencillo como ingenioso. A un grupo de niños de cinco años, hablantes nativos del inglés, se les presenta una grabación de una serie de caras de otros niños hablando y se les pide que elijan a cuáles de ellos les gustaría tener como amigos. Las caras aparecen de dos en dos, una al lado de la otra. El truco aquí es que una de ellas habla en inglés y la otra en una lengua extranjera, el francés. ¿A quién escogerán? Los niños se inclinaban en su mayor parte por aquellas caras que hablaban en inglés y no en la lengua extranjera. Claro, usted puede decir que como no entendían el francés preferían jugar con el niño al que sí comprendían. Pero aún hay más: en un segundo estudio se presentaron las mismas caras, pero ahora hablaban en inglés o en inglés con acento francés. A pesar de que los niños no tenían ningún problema en entender el inglés con un acento diferente, continuaban escogiendo como amigos a aquellos niños cuya lengua materna era el inglés. Dicho de otra manera, ¡como tengas un poco de acento no perteneces a mi grupo! Y de hecho, cuando se contrastaron caras que hablaban con acento extranjero con otras que hablaban en una lengua extranjera, los chicos tampoco mostraban una preferencia por aquellas que entendían.

De acuerdo, uno de los factores que consideramos al decidir

con quién queremos relacionarnos es la lengua en la que las personas hablan y el acento con el que lo hacen. Pero ¿cómo de determinante es esta información para nuestras decisiones sociales? Hay muchas otras variables que podemos tener en cuenta, como por ejemplo el atractivo, el sexo o incluso el color de la piel. Pues en otro trabajo se exploró precisamente hasta qué punto pesa el color de la piel o la lengua cuando los niños toman sus decisiones acerca de con quién desean relacionarse. El resultado fue sorprendente. Los niños preferían tratar con chicos de su mismo color de piel y de su mismo acento. Ahora bien, ¿qué sucedía cuando estas dos propiedades iban una en contra de la otra? Es decir, ¿a quién elegirían, a un niño con su mismo color de piel con acento extranjero, o a un niño de diferente color pero sin acento? ¡El acento decidió! Los chicos preferían relacionarse con chicos de diferente color de piel siempre y cuando estos fueran hablantes nativos del inglés que con chicos del mismo color que hablaran un inglés con acento extranjero. Es decir, sus preferencias venían más determinadas por cómo hablaban los chicos que por el color de la piel.

Existen otros estudios que muestran resultados similares y que subrayan lo importante que es el lenguaje como identificador social. Lo que no sabemos todavía es si aquellos hablantes que son bilingües son más flexibles en el uso del lenguaje como caracterizador social. Retomaremos esta cuestión en el capítulo 5.

Hasta ahora hemos visto ciertos aspectos implicados en la adquisición del lenguaje en edades muy tempranas. Hemos prestado especial atención a algunos de aquellos aspectos que pueden significar un reto especial para los bebés bilingües, como la discriminación de lenguas, la detección de regularidades estadísticas, la formación de uno o dos repertorios fonológicos, el establecimiento del significado de las palabras, el desarrollo del vocabulario, etcétera. Hemos comprobado que en general la experiencia bilingüe no acarrea un retraso significativo en la adquisición de estas propiedades, y que los bebés alcanzan ciertos puntos clave de desarrollo lingüístico más o menos al mismo tiempo independientemente de estar expuestos a una o dos lenguas. Sin embargo, también nos hemos detenido en ciertas particularidades sobre la manera en que se alcanzan esos puntos clave. Nos queda mucho por saber todavía acerca de cómo funcionan esas particularidades y de cómo el bilingüismo «tunea» los procesos implicados en la adquisición del lenguaje. A mi modo de ver, avanzar en este campo será difícil dada la complejidad intrínseca que tiene trabajar con niños tan pequeños y que, además, sean bilingües. Aunque, como hemos dicho, el uso de dos lenguas en una misma persona está incrementando, es más complicado encontrar sociedades donde el bilingüismo esté extendido de una manera más homogénea y se pueda tener acceso a un grupo de bebés bilingües con unas propiedades parecidas. Pero tal vez el impedimento más importante es que este tipo de investigación se considera investigación básica, que implica que el conocimiento que adquirimos con ella no tiene una aplicación inmediata. Lamentablemente, esto lleva a mucha gente a decir sin el menor pudor: «Y todo esto ¿para qué sirve? ¿Qué más da saber qué hace un bebé bilingüe en comparación con el monolingüe?». Espero haberle convencido de que estas preguntas no vienen a cuento aquí, y que vale la pena llevar a cabo este tipo de estudios. Así que la próxima vez que haga la declaración de renta piense que, en parte, en una muy, muy pequeñísima parte, usted está ayudando a entender cómo los bebés adquieren conocimiento sobre el mundo.

Vito Corleone no nació en una cuna bilingüe, sino en una cuna siciliana, pero quizá algunos de sus hijos, Michael, Santino, Fredo y Talia, sí lo hicieron. Los retos a los que se enfrentaron durante la adquisición del lenguaje fueron diferentes a los de su padre. Lo que sabemos es que no les pasó nada malo, al menos por lo que se refiere a la adquisición del lenguaje. Lo que le sucedió a esa familia desde que Vito salió de la isla de Ellis no tiene demasiado que ver con ello. Pero eso es ya otra cosa, que Coppola explicó mucho mejor.

2

Cerebros bilingües

(o «lástima, solo tenemos un cerebro; ahora apáñatelas
con dos lenguas»)

La evolución ha dado como resultado millones de especies (la mayoría desaparecidas), que, aun compartiendo muchas características, a simple vista ofrecen una variedad riquísima. A pesar de esta riqueza, la evolución no ha generado (todavía, y que nosotros sepamos) mi especie favorita, el pez Babel. Este animal surge de la imaginación del escritor inglés Douglas Adams en su maravillosa novela *Guía del autoestopista galáctico*; si no la han leído, dejen este libro y vayan corriendo a comprarla... y después nos encontraremos en el «restaurante del fin del mundo». Sería incauto por mi parte intentar hacer una descripción del susodicho pez, mucho mejor que lea la original de Adams:

—¿Qué está haciendo ese pez en mi oído?

—Traduce para ti. Es un pez Babel. Míralo en el libro, si quieres. [...]

—El pez Babel —dijo en voz baja la *Guía del autoestopista galáctico*— es pequeño, amarillo, parece una sanguijuela y es la criatura más rara del Universo. Se alimenta de la energía de las ondas cerebrales que recibe no del que lo lleva, sino de los que están a su alrededor. Absorbe todas las frecuencias mentales inconscientes de dicha energía de las ondas cerebrales para nutrirse de ellas. Entonces, excreta en la mente del que lo lleva una matriz telepática formada de la combinación de las frecuencias del pensamiento consciente con señales nerviosas obtenidas de los centros del lenguaje del cerebro que las ha suministrado. El resultado práctico de todo esto es que si uno se introduce un pez Babel en el oído, puede entender al instante todo lo que se diga en cualquier lenguaje. Las formas lingüísticas que se oyen, en realidad, descifran la matriz de la onda cerebral introducida en la mente por el pez Babel.*

¡No me digan que no es un animal interesante! Cuántos problemas nos ahorraríamos si realmente existiera esa criatura... La más rara del universo. Como mínimo no tendríamos que arrepentirnos si no cumplimos nuestro propósito de apuntarnos a cursos de inglés cuando se acerca el año nuevo. Simplemente iríamos a una tienda de peces y caso resuelto.

Los hablantes bilingües no son peces Babel (no acostumbran a excretar en el oído de nadie), pero sí que guardan algo en común con ellos: en su cerebro deben existir las representaciones lingüísticas correspondientes a dos idiomas. Es decir, la única manera que tiene el pez de traducir de una lengua a otra es almacenándolas todas en su pequeño cerebro de sanguijuela. Y aunque los bilingües solo hablan dos lenguas y no todas las del universo, la pregunta es la misma: cómo conviven dos lenguas en un mismo cerebro, y cuáles son las consecuencias de su uso continuo. Este capítulo está dedicado a esta cuestión y a otras relacionadas con ella de forma colateral.

---

* Douglas Adams, *Guía del autoestopista galáctico*, Benito Gómez Ibáñez, trad., Barcelona, Anagrama, 2008, pp. 40-41.

Dos lenguas, un solo cerebro

El estudio de cómo el cerebro sustenta las capacidades cognitivas denominadas de alto nivel, o a lo que nos referiremos como representación cortical de las funciones cognitivas (el lenguaje es una de ellas), es extremadamente complejo. Las bases cerebrales y cognitivas del lenguaje, la memoria, la atención, la emoción, etcétera, son de difícil aproximación. Esto es así porque, entre otras cosas, los procesos cognitivos implicados en esas capacidades no son del todo independientes, sino que interactúan de manera compleja. Piense en cómo el sistema emocional interactúa en todo momento con el atencional cuando un estímulo altamente emocional despierta nuestro interés de manera inmediata. Recuerde, por ejemplo, la última vez que estuvo en una fiesta con mucho ruido e intentaba mantener una conversación. Seguro que a duras penas podía prestar atención a sus interlocutores, y todas las demás conversaciones las oía solo como un runrún molesto. Sin embargo, si alguien hubiera dicho su nombre en una charla contigua, tal vez eso hubiera captado su atención. Es decir, aunque le pareciera todo ruido, su oído habría detectado su nombre y habría dirigido su atención hacia esa conversación. Sí, nuestro nombre es un estímulo altamente emocional: ¡nos importa mucho lo que se dice de nosotros!

Para hacer las cosas más difíciles, cuanto más avanzamos en entender la relación entre cerebro y cognición, más se hace patente que las funciones cognitivas de alto nivel implican circuitos neuronales distribuidos en diferentes estructuras cerebrales. Es decir, el cerebro funciona como una orquesta. Esto no quiere decir, sin embargo, que no pueda haber ciertas áreas que tengan una mayor o menor importancia en el funcionamiento de cada una de estas habilidades (como en una orquesta hay diferentes instrumentos con mayor o menor peso para marcar la armonía, la melodía o el ritmo en una pieza musical), pero sí implica que la descripción de la relación entre cerebro y cognición se vuelve bastante más compleja.

Durante muchos años nuestro conocimiento acerca de cómo el lenguaje está representado en el cerebro ha provenido del estudio de la conducta verbal de personas que sufren algún tipo de daño cerebral, o lo que denominamos afasia. El daño cerebral puede tener diversas causas, tales como tumores, infecciones, malformaciones congénitas, ictus, enfermedades neurodegenerativas, traumatismos craneoencefálicos, etcétera. El estudio de cómo las lesiones en diferentes áreas cerebrales resultan en distintos patrones de conducta verbal ha sido fundamental para relacionar los modelos cognitivos funcionales del lenguaje, provenientes de la lingüística y la psicología cognitiva, con sus correlatos neuronales. Sin embargo, en los últimos treinta años el desarrollo de las técnicas de neuroimagen ha permitido avanzar espectacularmente en el campo de la neurociencia cognitiva. Estas técnicas permiten «ver» la actividad cerebral en directo (o casi) de personas sanas mientras realizan diferentes tareas experimentales. Por ejemplo, se puede analizar qué circuitos cerebrales se activan cuando leemos un texto en comparación con cuando nombramos dibujos, escuchamos frases o pensamos en lo que haremos el fin de semana. Registramos la actividad cerebral provocada por estas tareas mediante la medición del consumo de oxígeno de ciertas áreas o mediante el registro de la actividad eléctrica generada por grupos de neuronas. Además, el grado de precisión temporal y espacial es más que aceptable. Estas técnicas también nos permiten hacer predicciones acerca de qué áreas cerebrales deberían estar más implicadas en los diferentes aspectos del procesamiento del lenguaje. Estas predicciones eran más difíciles cuando solo teníamos acceso al estudio de la conducta verbal de las personas con daño cerebral, ya que, en muchos casos, solo podíamos saber con seguridad qué tejido estaba dañado después de la muerte del paciente. Veamos cómo estos estudios nos han ayudado a entender mejor de qué manera conviven dos lenguas en un mismo cerebro.

Daño cerebral y bilingüismo

En uno de los entrenamientos de pretemporada del campeonato mundial de Fórmula 1 de 2015, el piloto de McLaren Fernando Alonso tuvo un accidente: chocó contra el muro de una curva del circuito de Montmeló, en Cataluña. Como resultado, Alonso sufrió una conmoción y tuvo que ser ingresado en el hospital, donde estuvo en observación durante unas semanas. Por fortuna se recuperó satisfactoriamente y continuó compitiendo en el mundial. No obstante, de momento las causas del accidente no han quedado del todo esclarecidas. A primera vista parecía extraño que un piloto tan experimentado como Alonso cometiera un error, aparentemente, garrafal, lo que llevó a todo tipo de especulaciones respecto a un fallo técnico del coche. No soy un seguidor frecuente del automovilismo, así que esta noticia me hubiera pasado relativamente inadvertida si no fuera por lo siguiente: junto con los rumores acerca de la causa del choque, empezó a circular la noticia de que justo después del accidente Alonso solo hablaba en italiano (idioma que conocía y usaba a menudo, entre otras cosas por haber sido antes piloto de la escudería Ferrari), y no en su idioma materno, el español, o en el idioma con el que interactuaba a diario con los miembros de su equipo, el inglés. La noticia estaba escrita de tal manera que implicaba una extraña conducta verbal por parte del piloto. Esta información acerca de la «supuesta» pérdida del habla en español (o fijación en el italiano) apareció en los titulares de diarios deportivos y de carácter general. Así, pudimos leer titulares como «Fernando Alonso despertó en italiano», e incluso, para mi sorpresa, «Alonso no es el primer deportista español que despierta hablando en italiano» (por si a alguien le interesa, el otro fue el ciclista Pedro Horrillo).

Encuentro esta historia de especial interés por dos motivos. Primero, que esta conducta verbal extraña de Alonso hiciera que tanta gente (o como mínimo los periodistas) abriera los oídos muestra el interés general sobre el lenguaje, y en este caso sobre el bilingüismo. De hecho, estas noticias llaman la atención con independencia de que el afectado sea una persona pública. Sirva como ejemplo el caso de un hombre americano que tras quedar inconsciente se despertó hablando sueco.* Es curioso cómo estos casos llevan a menudo a especulaciones de lo más rocambolescas, tales como preguntarse si esa persona sabía sueco antes de desmayarse, si sus antepasados eran suecos... Sea como sea, estaremos de acuerdo en lo siguiente: ni un daño cerebral puede resultar en el aprendizaje repentino de una lengua nueva ni el conocimiento de una lengua se transmite a través de los genes, que sepamos de momento. En cualquier caso, puedo atestiguar que la pregunta de cómo un daño cerebral afecta a cada uno de los idiomas de un hablante bilingüe es de las que suelen hacerme más a menudo en las conferencias tanto para expertos como para no expertos. Tal vez recuerde el lector aquello que ha leído en el prólogo acerca de que todo el mundo está interesado en el lenguaje.

La otra razón por la que me llama la atención el caso de Alonso es porque él mismo negó que esa situación hubiera tenido lugar. En declaraciones posteriores, el piloto dijo: «Y luego fue todo

---

* «Un americano despierta con amnesia hablando sueco», *La Vanguardia*, 17 de julio de 2013.

normal, no me desperté en 1995, ni hablando en italiano ni todo eso que se ha dicho. Recuerdo el accidente y todo lo que pasó». La razón por la que supuestamente alguien se inventó la fijación de Alonso por hablar en italiano durante unos minutos continúa siéndome ignota.

En este apartado presentaré la información que tenemos en la actualidad acerca del deterioro lingüístico en las dos lenguas de un bilingüe como consecuencia de un daño cerebral. Antes de ello, sin embargo, tenemos que adentrarnos un poco en ciertos conceptos básicos de la neuropsicología.

La primera lección que aprendí de Alfonso Caramazza en Harvard durante mi posdoctorado fue que existen dos tipos de patrones conductuales altamente informativos en neuropsicología. Por un lado tenemos las llamadas «asociaciones de déficits», que se refieren a que dos (o más) disfunciones lingüísticas aparecen juntas como resultado de un daño cerebral concreto. Por ejemplo, si debido a este daño un hablante muestra una disfunción específica en cada una de sus lenguas (por ejemplo, tiene problemas cuando le pedimos que repita palabras), nos encontramos ante lo que denominamos «asociación de síntomas en las dos lenguas». Esto es, las dos lenguas se ven afectadas de igual manera por el daño cerebral. Más interesante, tal vez, es la información que nos proporcionan las disociaciones de déficits. Imaginemos en este caso que, como resultado de un daño cerebral, una persona muestra ciertos problemas lingüísticos en una de sus lenguas pero no en la otra. Podemos afirmar entonces que el paciente muestra una disociación en el habla. Es decir, su habilidad para, por ejemplo, repetir palabras en uno de los idiomas que conoce estaría disociada de su capacidad para hacerlo en el otro. Las disociaciones nos aportan mucha información, porque nos sugieren que cualquiera que sea el daño cerebral concreto que sufra el paciente, este afecta a un tipo de procesos cognitivos (repetición de palabras en la lengua A) y no a otros (repetición de palabras en la lengua B), lo que a su vez parece apuntar que tales procesos están sustentados por circuitos cerebrales distintos, y son, hasta cierto punto, cognitivamente independientes. Tal vez le ayude la siguiente analogía. Los limpiaparabrisas de un coche son independientes del sistema de frenado. Por tanto, podemos encontrar situaciones en las que se nos estropee uno y no el otro. Sin embargo, ambos son dependientes del correcto funcionamiento del sistema eléctrico y, por tanto, si se avería este, los limpiaparabrisas y los frenos dejarán de funcionar. En el primer caso tendríamos una disociación y en el segundo una asociación. A continuación describiré un ejemplo de estas disociaciones, que retomaremos más adelante en casos de bilingüismo (el lector que tenga curiosidad por saber más sobre estas disociaciones puede leer los best sellers de Oliver Sacks al respecto).

Los estudiantes de la ESO tienden a encontrar la clase de lengua difícil y aburrida, y en especial el análisis sintáctico. No es que se quejen solo de esa asignatura, ¡ojalá!, pero en este caso tienen razón, el tema es difícil y, a veces, aburrido. Tal vez el lector se acuerde de aquellos árboles (para los mayores de cuarenta años eran bandejitas) que se generaban a partir de las oraciones (sintagma nominal sujeto, sintagma verbal predicado, etcétera). Para crear esos árboles se tenía que determinar las categorías gramaticales de las palabras y su función dentro de las oraciones en relación con las demás. La dificultad de realizar eso contrasta con lo fácil que es utilizar una lengua, al menos por lo que se refiere al código oral. Sin embargo, no todo es igual de complicado, y una de las cosas que los chicos aprenden con toda naturalidad es la diferencia entre nombres y verbos. Determinar qué es un nombre y qué es un verbo es extremadamente sencillo en comparación con identificar determinantes, adverbios, conjunciones, por ejemplo. Es como si la relación existente entre objetos-nombres y acciones-verbos la comprendiéramos de forma natural. Y, de hecho, la diferencia lingüística entre nombres y verbos está presente en todas las lenguas, y es una propiedad gramatical central en las teorías lingüísticas. Esta diferencia refleja, hasta cierto punto, nuestra visión del mundo o estructura conceptual: los nombres tienden a describir objetos y los verbos, acciones. Tienden, solo tienden. Más allá de que esta diferencia sea útil en las descripciones lingüísticas, la cuestión que nos interesa aquí es hasta qué punto esta diferencia guarda un correlato cerebral. Es decir, no es inmediatamente obvio que existan circuitos neuronales que sustenten en mayor medida el procesamiento de nombres y otros que sustenten el de verbos.

Pues bien, resulta que existe un buen número de personas que tras un daño cerebral tienen más problemas a la hora de procesar nombres que a la hora de procesar verbos. Además, también existe el patrón opuesto en otros pacientes, esto es, experimentan más problemas con verbos que con nombres. Algunos sufren lo que se denomina «anomia», que es la dificultad para acceder a palabras del léxico mental cuando queremos expresarnos. Por decirlo más llanamente, estas personas padecen con mucha más frecuencia que los hablantes sanos situaciones de tener algo «en la punta de la lengua». ¡Imagine qué engorroso puede llegar a ser eso! Cuando a estos pacientes se les pide que digan en voz alta el nombre de dibujos (escoba), es común que caigan en un estado anómico y no puedan recuperar el nombre del objeto, aunque saben a la perfección a qué objeto se refiere el dibujo. Pero es que, además, en esa misma situación el paciente sí puede recuperar y emitir el verbo que corresponde a la acción que se realiza con ese objeto (barrer). En otras palabras, un daño cerebral puede resultar en una mayor afectación de las representaciones de una categoría gramatical en comparación con las de otra, lo que antes hemos descrito como una disociación de déficits. Estas observaciones sugieren que, de hecho, la diferencia entre nombres y verbos no solo posee implicaciones para las teorías lingüísticas, sino que nuestro cerebro parece tenerla en cuenta durante la organización del léxico mental. Esto es un ejemplo de disociación que retomaremos más adelante.

La cuestión que nos interesa ahora es hasta qué punto una lesión cerebral da como resultado una afectación diferente para cada una de las lenguas del hablante bilingüe, y si podemos observar algún tipo de patrón relativamente constante. Mi opinión a este respecto es tal vez un tanto controvertida, pero creo que el patrón más común, y con mucho, es una afectación de las dos lenguas del hablante bilingüe en un grado y perfil muy similar. En otras palabras, no parece muy habitual encontrar casos en los que una de las lenguas se vea mucho más afectada que la otra, teniendo por supuesto siempre en cuenta el grado de conocimiento de las dos lenguas previo al deterioro cerebral.

Digo que esta visión es controvertida porque el lector podrá encontrar en otros libros sobre bilingüismo y neuropsicología un largo repertorio de diferentes patrones de afectación y recuperación de las dos lenguas. Por ejemplo, en la tipología descrita por Michel Paradis encontramos hasta cinco tipos de recuperación lingüística: el patrón de recuperación paralela sería aquel en que el paciente va recuperando sus capacidades lingüísticas de manera similar en sus dos lenguas; la tipología diferencial es la que encontraríamos si un paciente recupera una de sus dos lenguas hasta un nivel similar al que tenía antes del daño cerebral mientras que la otra no; la recuperación antagonista se refiere a una situación curiosa, en la que a medida que una de las lenguas se va recuperando, la otra va viéndose afectada negativamente. Finalmente tenemos dos tipologías más. La recuperación sucesiva, donde una de las lenguas empieza a recuperarse solo cuando la otra está completamente recuperada; y por último la denominada mezcla de las dos lenguas, que es un patrón en el que ambas se mezclan involuntariamente dificultando así su restablecimiento.

No digo que no existan o puedan existir casos de estos tipos, ni que no sean interesantes (de hecho, creo que lo son y mucho, como veremos más adelante), lo que simplemente quiero afirmar es que lo más habitual es que se den casos de deterioro lingüístico paralelo de las dos lenguas. Además, varios de los ejemplos que se citan para apoyar algunas de estas disociaciones son observaciones clínicas (a menudo cuando la situación del paciente es aguda) más que estudios controlados y sistemáticos. Sin embargo, he de admitir que existen trabajos contradictorios acerca de esta cuestión. Creo que es relevante mencionar aquí que los estudios con pacientes afásicos bilingües son especialmente complicados, dado que, muy a menudo, nos es difícil saber con precisión cuál era el nivel lingüístico del paciente antes del trastorno y el uso de la lengua que hacía. Para enredar más el asunto, factores como la edad de adquisición de la segunda lengua y la dominancia lingüística, entendida como qué lengua es la que la persona utiliza con más fluidez, podrían también afectar al patrón de deterioro y recuperación.

Desde mi punto de vista, existen dos motivos que hacen que el patrón de deterioro lingüístico más frecuente sea el paralelo. El primero es que, como veremos más adelante, los estudios de neuroimagen muestran que existe un gran solapamiento entre las áreas cerebrales que sustentan el procesamiento de las dos lenguas. Por tanto, si existe tal solapamiento, al menos a nivel macroscópico, es razonable pensar que las dos lenguas se vean afectadas de forma parecida en un gran número de casos. La segunda razón tiene que ver con el hecho de que, a menudo, los deterioros lingüísticos son resultado de daños que afectan a amplias áreas cerebrales, haciendo difícil la detección de potenciales disociaciones entre las lenguas. Por tanto, en principio, es posible que existan ciertos circuitos neuronales más implicados en la representación de una u otra lengua, pero que estas diferencias sean solo visibles de manera microscópica.

Les pondré un par de ejemplos acerca del tipo de evidencia que muestra un deterioro paralelo de las dos lenguas. El primero parte de un estudio que surgió a raíz de una pregunta que me hizo mi madre un domingo al mediodía mientras comíamos un arroz con bacalao. La pregunta era simple: «Tengo una amiga que ha sido diagnosticada con la enfermedad de Alzheimer. Aunque siempre he hablado con ella en catalán, que es su segunda lengua, ¿en qué lengua lo acabaré haciendo, en castellano o en catalán?». Lo que preguntaba mi madre era sencillo. Reformulemos la pregunta en términos académicos: ¿cómo se deterioran las lenguas como consecuencia de una enfermedad neurodegenerativa? Mi respuesta fue todavía más sencilla: no lo sabía, y lo peor es que no existían demasiados estudios que pudiera consultar. No piense el lector que mi madre dirige mi programa de investigación, aunque nunca va mal escuchar los intereses de las personas neófitas en el campo.

Pues bien, tras consultar los estudios realizados sobre el tema, observé que la cuestión no estaba del todo clara, así que me puse manos a la obra. En colaboración con los departamentos de neurología de varios hospitales de Barcelona evaluamos algunas competencias lingüísticas de tres grupos de bilingües castellano–catalán. Estos sujetos habían hablado de media más de cincuenta años cada una de sus dos lenguas, y poseían un alto conocimiento de ambas. La mayoría de ellos vivían en el área metropolitana de Barcelona, donde el uso cotidiano de las dos lenguas es muy habitual. Dos grupos correspondían a participantes que habían sido diagnosticados con la enfermedad de Alzheimer y se encontraban en

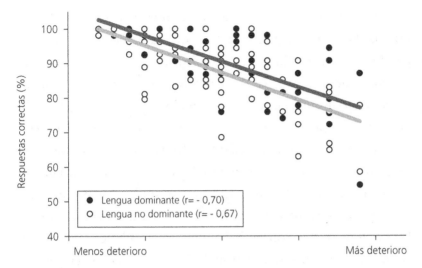

Gráfico 1: Se puede observar el porcentaje de respuestas correctas en la actividad de decir el nombre de lo que representan varios dibujos. Cada uno de los círculos corresponde a la puntuación de cada participante de los tres grupos en el estudio. Los círculos negros corresponden a la puntuación en la lengua dominante y los blancos en la no dominante. El eje horizontal de la gráfica corresponde a las puntuaciones de los participantes en un test neuropsicológico estándar. Cuanto más a la derecha se encuentran los círculos, mayor es la afectación cognitiva del sujeto medida en ese test. Como se puede observar, a mayor afectación cognitiva, peores puntuaciones. Eso sí, la pendiente es similar para ambas lenguas, lo que refleja un deterioro paralelo.

un estadio de la enfermedad leve o moderado, de acuerdo con los test neuropsicológicos estándares. El tercer grupo correspondía a personas que sufrían un deterioro cognitivo leve, y a las que no les habían diagnosticado alzhéimer. En diferentes sesiones experimentales pedimos a estas personas que dijeran el nombre de lo que se representaba en unos dibujos en sus dos lenguas y que realizaran una tarea de traducción, en la que se les presentaba una palabra que ellos tenían que decir en voz alta en el otro idioma. Como se puede ver en el gráfico 1 obtuvimos, al menos, dos resultados claros. Primero, aquellas personas que mostraban un peor rendimiento en pruebas neuropsicológicas lo mostraban también en las tareas lingüísticas que habíamos diseñado. Un resultado claro, pero no muy sorprendente, ya que es esperable que una mayor afectación del sistema cognitivo en general perjudique también al lenguaje. Segundo, la afectación lingüística asociada al deterioro cognitivo fue de igual magnitud para las dos lenguas. A pesar de que los participantes realizaron las tareas un poco mejor en el idioma que declararon más dominante (fuera ese el primero que habían adquirido o no, y fuera castellano o catalán), el deterioro de ambos mostraba un patrón paralelo. Además, el tipo de errores que los participantes cometían en ambas lenguas era también similar. Así, por ejemplo, y aunque el porcentaje de errores que implicaba una intrusión de lengua (una traducción en la lengua no deseada) era mayor para la lengua no dominante, el patrón de deterioro era también paralelo. En otras palabras, la enfermedad estaba deteriorando las dos lenguas de igual manera y al mismo ritmo. Ya podía contestarle a mi madre: «Mamá, tal vez tu amiga continuará hablando la misma lengua; eso sí, con mayor dificultad».

El segundo ejemplo tiene que ver con los déficits que hemos comentado antes en relación con la presencia de dificultades mucho mayores para acceder a palabras de una categoría gramatical en comparación con las de otra. Recuerde: verbos frente a nombres. Solo tenemos una comprensión parcial del origen de esta disociación y de cómo el cerebro representa las palabras o ítems léxicos. Sin embargo, el fenómeno en sí parecería indicar que, como mínimo, la dimensión gramatical nombre/verbo es una de las que el cerebro toma en cuenta cuando organiza la información léxica. En el contexto del bilingüismo, la cuestión es si las dos lenguas se organizan teniendo en cuenta las mismas variables o dimensiones. Hace unos ocho años tuvimos la oportunidad de abordar esta cuestión, cuando un señor bilingüe de cincuenta y cinco años que sufría una afasia progresiva primaria fue tan generoso de colaborar con nosotros realizando un buen número de pruebas lingüísticas.

Su dolencia es una enfermedad neurodegenerativa en la que uno de los síntomas más notables es el progresivo deterioro de las capacidades lingüísticas desde los primeros estadios de la enfermedad.

Gracias a la paciencia de este señor llevamos a cabo un seguimiento de sus habilidades lingüísticas durante dos años, lo cual nos permitió evaluar cómo iban deteriorándose a medida que avanzaba la enfermedad. Gracias a sus propias percepciones nos dimos cuenta con cierta rapidez de que tenía muchos más problemas cuando la actividad que realizaba implicaba verbos que cuando implicaba nombres. Sus errores eran básicamente debidos a episodios anómicos (estados de «punta de la lengua»), aunque también cometía algunos errores semánticos (decir «pera» cuando se le mostraba el dibujo de una manzana). Además, presentaba un peor rendimiento en general en su segunda lengua (catalán) que en la dominante (castellano), a pesar de haberlas aprendido las dos desde antes de los cuatro años, y utilizar el catalán con su mujer e hijos. Lo que resultó más interesante fue apreciar que la disociación entre nombres y verbos estaba presente en las dos lenguas. Este no era un caso aislado, ya que, de hecho, complementaba a la perfección nuestras observaciones sobre un caso anterior, el de una paciente que sufría la enfermedad de Alzheimer y que mostraba la disociación opuesta, esto es, una afectación mucho mayor y desproporcionada en las palabras correspondientes a nombres en comparación con los verbos, pero en ambas lenguas. Estos casos, y otros similares, sugieren que el cerebro tiende a aplicar los mismos principios para ambas lenguas cuando organiza la información de las palabras, en esta ocasión la categoría gramatical. Dicho de otro modo, aquellas propiedades que son importantes para la organización del lenguaje en el cerebro lo son para las dos lenguas del bilingüe. Y, de hecho, esta conclusión es coherente con los resultados de los estudios en los que se analiza la actividad cerebral durante el procesamiento de nombres y verbos de personas bilingües sanas. En estos trabajos se observa que ciertas áreas cerebrales parecen tener diferente peso en la representación de estas distintas categorías gramaticales. Lo crucial aquí es que las mismas diferencias se observan también en la segunda lengua.

Estos estudios son solo un ejemplo de las numerosas investigaciones que han puesto de manifiesto que el patrón más común de deterioro lingüístico debido a un daño cerebral es el paralelo en las dos lenguas. Sin embargo, también hay otros trabajos que muestran ciertas disociaciones.

Consideremos por ejemplo el caso clínico reportado por Raphiq Ibrahim, de la Universidad de Haifa. Ibrahim estudió la conducta verbal de un hombre de cuarenta y un años que sufrió una lesión cerebral como consecuencia de una encefalitis causada por un herpes simple (sí, el mismo que a veces sale en los labios puede viajar hasta el cerebro y afectarlo gravemente; ¡qué mala suerte!). Esta lesión afectó de manera especial al lóbulo temporal izquierdo, una zona cerebral crítica para el procesamiento del lenguaje, entre otras cosas. El paciente era profesor de biología de secundaria en la ciudad de Haifa (Israel), y aunque su primera lengua era el árabe, tenía un gran dominio del hebreo, lengua que había aprendido a los diez años y usaba con regularidad tanto en la escuela como en su vida privada. El autor exploró la conducta verbal del paciente a través de varias tareas lingüísticas en sus dos lenguas dos años después de que el paciente sufriera la lesión y tras haber sido operado para extraer el área dañada. El paciente mostraba un habla poco fluida, con muchas pausas y estados anómicos en los que le costaba acceder a las palabras del léxico mental. Sin embargo, la reducción en fluencia era mucho más evidente cuando el paciente hablaba hebreo que cuando lo hacía en árabe. Aunque sus puntuaciones en pruebas estándares, que implicaban nombrar lo que se representa en unos dibujos, estaban por debajo de la normalidad en ambas lenguas, eran mucho peores en hebreo. También su comprensión del habla y su capacidad de escribir y leer estaban más deterioradas en esa lengua. No obstante, y curiosamente, la repetición de palabras no se encontraba afectada en ninguna de las dos lenguas. El paciente recibió terapia lingüística intensiva en las dos lenguas durante tres meses, y aunque mejoró su rendimiento en ambas, la mejora fue mucho más marcada en árabe. Estos resultados llevaron al autor a concluir en favor de la existencia de centros corticales específicos para cada una de las lenguas, en este caso similares como el hebreo y el árabe, ambas semíticas.

Antes de pasar al siguiente apartado quiero aprovechar para dar gracias a todas aquellas personas, y a sus familiares, que han colaborado en este tipo de investigaciones, siempre de forma desinteresada y con una predisposición encomiable a ayudar a la ciencia. Esta ayuda es especialmente generosa cuando uno está sufriendo un deterioro cognitivo debido a una enfermedad. En efecto, son pacientes con mucho esfuerzo y grandeza. A todos, gracias, de verdad.

FOTOGRAFIAR LAS DOS LENGUAS

Hace casi veinte años, mientras me encontraba cursando mi doctorado, participé como asistente de investigación en uno de los primeros estudios que se realizaron con el objetivo de explorar cómo estaban representadas en el cerebro las dos lenguas de los hablantes bilingües. El estudio pretendía indagar el efecto de la edad de adquisición de la segunda lengua en la representación cortical de las dos. Esto suponía analizar la respuesta cerebral de hablantes bilingües altamente competentes mediante la técnica de tomografía por emisión de positrones. Para ello, se decidió estudiar a sujetos bilingües italiano-inglés con adquisición tardía de la segunda lengua (a los diez años) y bilingües castellano-catalán con adquisición temprana (a los cuatro años). Una de las dificultades con las que nos tuvimos que enfrentar fue que en aquel momento nuestro laboratorio no tenía acceso a esa técnica de neuroimagen, así que, en colaboración con un equipo de neurólogos de Milán, se decidió realizar el experimento en el hospital milanés de San Raffaele. Esto implicaba que los participantes tenían que viajar de Barcelona a Milán, de tal manera que además pasaban un agradable fin de semana en la ciudad lombarda. ¡Todo por la ciencia! No deja de ser curioso que este libro lleve el mismo título que el artículo que se publicó en 1998; lleva tiempo desentrañar las cuestiones complejas.

El número de estudios que han explorado la actividad cerebral de personas bilingües mientras procesan las dos lenguas es muy elevado. Se han llevado a cabo trabajos con diferentes técnicas (resonancia magnética funcional, tomografía por emisión de positrones, magnetoencefalografía, etcétera), paradigmas experimentales y pares de lenguas diferentes. No pretendo aquí describirlos todos, sino tratar de dar una visión conjunta de lo que creo que hemos descubierto con ellos.

Como los siguientes párrafos son un poco densos, le daré primero la conclusión, según mi punto de vista, de lo que sabemos hasta el momento, y nos meteremos en harina después. A nivel general, podemos afirmar que las áreas cerebrales implicadas en la representación y procesamiento de las dos lenguas de los hablantes bilingües son las mismas. Es como si el cerebro, de alguna manera, estuviera preparado para tratar la señal del lenguaje del mismo modo con independencia de la lengua o lenguas a las que se exponga. Sin embargo, esto no significa que no puedan existir ciertas diferencias en su representación cortical, lo cual dependerá de muchas variables, como la edad de adquisición de la segunda lengua, el nivel de conocimiento de esta y la similitud entre las dos. Para ponérnoslo más difícil (léase irónicamente), estas variables tienden a interactuar de manera compleja. Acabo de hacer una generalización y de hablar muy *grosso modo*. Hilemos más fino.

Fijémonos, por ejemplo, en el siguiente trabajo, donde se compararon los resultados de catorce estudios que utilizaron la técnica de la resonancia magnética para explorar la representación cerebral de las dos lenguas de hablantes bilingües. Los autores separaron esos estudios de acuerdo con el grado de conocimiento (la competencia) que los participantes tenían de su segunda lengua. Así, en ocho de estos estudios se consideró que los participantes tenían un alto dominio de la segunda lengua, y en los restantes seis, que poseían un dominio moderado o bajo. En el primero de estos subgrupos, se detectó activación en la clásica red cerebral del hemisferio izquierdo implicada en el procesamiento del lenguaje, que incluía regiones frontotemporales. En la imagen 1 (adjunta en las láminas centrales), aquellas áreas en rojo corresponden a la activación de la lengua dominante, las azules a la de la segunda, y las moradas a las zonas que se activan cuando se procesan las dos. En el panel A, que corresponde a los hablantes bilingües altamente competentes, se puede observar un gran solapamiento en esta red entre las dos lenguas Casi todo el color de las imágenes es morado, es decir, casi todas aquellas áreas que responden a la primera lengua también lo hacen a la segunda, y viceversa. No obstante, los resultados de aquellos estudios que implicaban sujetos bilingües relativamente poco competentes fueron un tanto diferentes. Como se puede observar en el panel B, el solapamiento entre las dos lenguas fue menor. Detengámonos un momento en analizar estas diferencias.

En un primer momento se observa que la segunda lengua parece estar representada en una red más distribuida que la primera, es decir, tiende a implicar más áreas cerebrales. Además, cuando se comparó la activación provocada por la segunda lengua en bilingües de diferentes competencias, los bilingües de menor competencia parecen requerir más zonas del hemisferio derecho, como si esto fuera un mecanismo de compensación. Esto es interesante, porque existe evidencia clínica de que las lesiones en zonas del hemisferio izquierdo (en especial zonas frontales) pueden inducir a que áreas homólogas del hemisferio derecho sustenten, hasta cierto punto, aquellas funciones correspondientes al hemisferio izquierdo.

Otra conclusión interesante tiene que ver con la menor activación del giro temporal superior izquierdo en el grupo con poca competencia en la segunda lengua. Esta área cerebral se ha relacionado con el procesamiento conceptual o semántico. Una posible interpretación es que este es menos rico cuando el conocimiento de una lengua es menor. Es decir, la información semántica que extraemos de una segunda lengua en la que no somos muy competentes es menor de la que extraemos de nuestra lengua nativa. Tiene sentido. La menor competencia en una segunda lengua también resulta en una mayor activación de áreas relacionadas con el control del lenguaje, como la corteza prefrontal dorsolateral y la corteza cingulada anterior, lo que podría interpretarse como un mayor esfuerzo de tipo atencional cuando nos enfrentamos a la segunda lengua. Retomaremos esta cuestión en diversos apartados. En definitiva, en su conjunto estos resultados sugieren que el procesamiento de una segunda lengua en la que uno no es muy competente es más costoso y, como consecuencia, el procesamiento de una segunda lengua requiere una red cerebral más extensa.

Es posible que durante los párrafos anteriores el lector haya pensado que el nivel de competencia en una segunda lengua está usualmente ligado a cuándo se aprendió. Aunque esto no sea siempre así, cuando una segunda lengua se adquiere de pequeño y, sobre todo, se continúa utilizando, se incrementan las probabilidades de que el hablante sea altamente competente en ella. La cuestión, entonces, es hasta qué punto la representación cortical de esta segunda lengua depende de la edad de adquisición y no solo de la competencia adquirida. Pues resulta que, a un mismo nivel de competencia en una segunda lengua, la edad de adquisición sí que parece tener efectos independientes en la representación cortical. Por ejemplo, en tareas que implican procesamiento semántico y gramatical, como por ejemplo la comprensión de oraciones, una lengua aprendida relativamente tarde (durante la pubertad o después) tiende a activar áreas relacionadas con el lenguaje, como el área de Broca y la ínsula, en mayor medida que la primera lengua. De hecho, este último resultado es coherente con otros que revelan que, en la primera lengua, aquellas palabras que se adquieren más tarde (por ejemplo, «destornillador») producen una actividad neuronal mayor que las aprendidas en edades más tempranas (como «conejo»), en particular en áreas relacionadas con el procesamiento fonológico y la planificación motora del habla. Estas diferencias entre lenguas no parecen estar presentes cuando las dos lenguas se han aprendido en los primeros años de vida y la competencia es alta en ambas.

En este escenario, es razonable hacerse la siguiente pregunta en relación con la representación cortical de una segunda lengua: ¿qué pesa más, la edad de adquisición o la competencia adquirida? Es decir, ¿qué tiene más influencia en cómo el cerebro representa la segunda lengua, haberla aprendido de pequeño o saber utilizarla bien? Es difícil dar una respuesta a esta pregunta porque, como hemos visto, existe una correlación importante entre ambas variables y, por tanto, se complica evaluar su contribución independiente-mente. Además, estos dos factores pueden influir en diferentes aspectos lingüísticos de manera distinta. Por ejemplo, se ha sugerido que el procesamiento semántico o conceptual en las dos lenguas es muy similar en aquellas personas que han alcanzado un alto nivel de competencia en la segunda lengua con independencia de la edad de adquisición. Sin embargo, cuando se analiza el procesamiento sintáctico parecen existir ciertas diferencias, y la edad a la que se aprendió la segunda lengua tiene un peso importante con independencia de la competencia adquirida. Así pues, todavía es prematuro dar una respuesta a cuál de estas variables afecta más a la representación cortical de la segunda lengua.

Existen varias explicaciones de por qué la activación cerebral provocada por el procesamiento de un segundo idioma es mayor que la provocada por el primero, en especial cuando el grado de competencia en la segunda lengua no es muy elevado. Estas explicaciones derivan de diversos factores que no son mutuamente excluyentes, como el coste asociado a controlar dos lenguas, la falta de automaticidad en el procesamiento de la segunda, el esfuerzo cognitivo que esto puede conllevar y la mayor carga de control motor implicada en la utilización de esa segunda lengua.

Interferir en el procesamiento del lenguaje

Como hemos visto en el apartado anterior, las técnicas de neuroimagen nos están permitiendo descubrir las bases cerebrales del procesamiento lingüístico tanto en individuos bilingües como en monolingües. Estas técnicas nos permiten identificar las zonas cerebrales que se ven implicadas en ciertas actividades lingüísticas. Sin embargo, tienen también algunas limitaciones: entre otras cosas, no nos permiten identificar aquellas áreas cerebrales que son «necesarias» para llevar a cabo una tarea en concreto. Deje que me explique: una cosa es que una parte del cerebro se active mientras realiza una labor específica (procesar la segunda lengua), y otra es que esta activación sea necesaria para realizar esta tarea. Retomemos la analogía del cerebro y la orquesta: imagine que estamos escuchando un concierto para violín solista, pero en el que entran en juego otros instrumentos, como la tuba, el tambor, etcétera. La pieza sonará muy bien si contamos con todos ellos. Cuando un oyente no experto en música entre en la sala de conciertos y vea toda la orquesta junta, le parecerá que todos los instrumentos son igualmente necesarios para que la pieza musical cobre sentido y le complazca. Sin embargo, mientras que el violín solista es una parte fundamental, la tuba tal vez no lo es. Así que si prescindiéramos de ella, el concierto continuaría sonando «relativamente» bien, en cambio sin el violín el resultado sería bastante peor. Tal vez aquellos lectores que sean expertos en música estén a punto de dejar de leer este libro. Permítanme la licencia, era solo una analogía.

Para descubrir qué áreas cerebrales son necesarias para llevar una tarea a buen puerto, tenemos que fijarnos en qué sucede cuando esas áreas no actúan correctamente, ya sea porque están dañadas (como hemos visto antes, al principio de este capítulo) o porque interferimos en su funcionamiento normal. En la actualidad las dos técnicas más utilizadas para interferir con el funcionamiento de ciertas zonas cerebrales son la estimulación magnética transcraneana y la estimulación eléctrica cortical intraoperativa.

En la estimulación magnética transcraneana o transcraneal se utiliza una bobina metálica para generar un campo magnético que es aplicado en el cráneo de la persona. El campo magnético produce a su vez un campo eléctrico en el cerebro, que interactúa de forma transitoria con el normal funcionamiento eléctrico de las

79

neuronas. No se alarme, le estimulación es indolora y la alteración neuronal transitoria, con lo que las neuronas retornan a su estado habitual tras un breve periodo de tiempo. Lo que esta técnica permite, pues, es alterar el funcionamiento normal de estructuras corticales. Dicho de un modo más exagerado, nos da la posibilidad de producir lesiones virtuales (y a veces potenciar funciones cerebrales) y transitorias en personas sanas, y analizar qué sucede en un ámbito conductual como resultado de ello. Esto es importante porque permite establecer relaciones de causalidad entre las neuronas estimuladas y las funciones cognitivas. Fundamentalmente, esta técnica se usa también con fines terapéuticos en casos de depresión, migraña, epilepsia, etcétera. En la actualidad, el número de trabajos que han explorado la representación del lenguaje en individuos bilingües con esta técnica es limitado. Sin embargo, los resultados muestran que la interrupción temporal del funcionamiento de ciertas áreas cerebrales (como la corteza prefrontal) puede resultar en una falta de control lingüístico, lo que puede producir que la persona mezcle las lenguas involuntariamente, e incluso bloquee en mayor o menor medida el acceso a una de ellas. Por ejemplo, la estimulación de la corteza prefrontal dorsolateral provoca problemas para elegir una lengua y para evitar interferencias de la otra. Es como si los hablantes sometidos a estimulación en esa zona hubieran perdido el control de las lenguas que conocen. Estoy seguro de que en los próximos años veremos un auge de estudios de este tipo en el contexto del bilingüismo.

Vayamos con la segunda técnica. No lo he podido resistir, y la compartiré aquí con usted. Una de las figuras que aparece con más frecuencia en los libros de texto de neurociencia es la del denominado homúnculo cortical, u homúnculo de Penfield. Como se puede observar en la figura 3, el homúnculo es una representación de todo nuestro cuerpo en el cerebro, tanto por lo que se refiere a

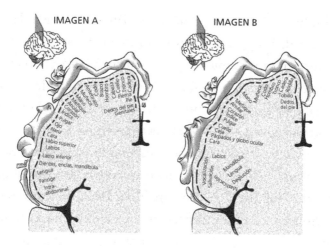

Figura 3: Homúnculo cortical, en el que se representan las divisiones anatómicas de la corteza somatosensorial primaria (imagen A) y la corteza motora primaria (imagen B).

sensibilidad como a motricidad. Por mucho que cueste creerlo, este mapeo existe de verdad, aunque parezca de cómic.

¿Cómo se identificó este mapa? Pues mediante la estimulación cortical intraoperativa. De este modo, si se activan ciertas áreas cerebrales a través de la electricidad se puede determinar la relación de cada una de ellas con ciertas capacidades. Es posible realizar un mapa somatotópico, motor o de capacidades cognitivas como el lenguaje, gracias a los estudios pioneros realizados, en la década de los cincuenta del siglo pasado, por, entre otros, el neurocirujano Wilder Penfield, de ahí el nombre del homúnculo. Como se puede imaginar el lector, en la actualidad esta técnica se utiliza siempre con fines médicos. Por ejemplo, en un caso en el que los neurocirujanos tienen que extirpar un tumor cerebral y necesitan saber cuáles van a ser los efectos colaterales de tal cirugía en el paciente. Dependiendo de la localización del tumor, una de las capacidades cognitivas que se «mapea» es el lenguaje, dado que es una función fundamental que el neurocirujano debe evitar dañar en el transcurso de la operación. Pero ¿cómo puede saber qué estimulación afecta al procesamiento del lenguaje? El procedimiento de la estimulación cortical se realiza con el paciente despierto. Una vez el cirujano ha abierto el cráneo y ha accedido al cerebro, se reduce la anestesia general y se aviva al sujeto mientras se le continúa aplicando anestesia local en el cuero cabelludo y el cráneo. Se puede aplicar estimulación eléctrica directamente al cerebro sin que ello produzca dolor, dado que este órgano no tiene receptores del dolor. Entonces se le pide al paciente que, por ejemplo, nombre lo que ve en una serie de dibujos mientras se le van aplicando descargas eléctricas en las diferentes áreas que podrían ser dañadas en la operación. La estimulación afectará la habilidad del paciente para llevar a cabo dicha tarea solo en algunas áreas (sería como ir sacando instrumentos uno a uno de la orquesta y ver cómo suena la pieza musical). De tal manera, si estas se vieran comprometidas por la cirugía, el paciente podría acabar con problemas en el uso del lenguaje, lo cual afectaría dramáticamente su capacidad comunicativa. Mejor no tocarlas.

¿Podemos tener una representación similar a la del homúnculo para las dos lenguas del bilingüe? Ojalá, pero la cosa es más compleja. Es curioso, sin embargo, ver como esta cuestión ya interesaba al doctor Penfield, que residía en una zona bilingüe, la región del Quebec. En una entrevista en el periódico canadiense *The Montreal Gazette*, el doctor Penfield respondía una pregunta en relación con la conveniencia o no de la educación en dos lenguas. La entrevista se titulaba «"Bilingual brain" superior Penfield». Este hecho no sería muy sorprendente si no fuera porque apareció el 15 de junio de... 1968, hace más de cuarenta años. ¡Y la controversia continúa! ¿Por qué será? (Si siente curiosidad puede encontrar el artículo en Google Newspapers.) Sea como fuere, cuando el paciente es un hablante bilingüe a menudo se realiza un mapeo de las dos lenguas, así que podemos saber aquellas áreas que al estimularlas interrumpen el procesamiento de ambas o de una sola de ellas, sea esta la primera o la segunda. Los resultados de estas investigaciones son un tanto contradictorios. Mientras que hay estudios que muestran un amplio solapamiento entre las áreas cerebrales encargadas del procesamiento de las dos lenguas, otros han identificado que el estímulo solo afecta a una de ellas. Cuando este es el caso, en general, parecería que hay más zonas que estarían implicadas en el procesamiento de la segunda lengua que en el de la primera. Parece que la lengua dominante requiera menos recursos neuronales para su procesamiento.

Consideremos el estudio de Timothy Lucas y sus colaboradores realizado en la Universidad de Washington y publicado en el *Journal of Neurosurgery*, en el que se mapearon las áreas que interferían en la tarea de nombrar lo que se representa en dibujos en la primera y segunda lengua de 22 pacientes con epilepsia. En la mayoría de ellos (21) se detectaron algunas áreas cerebrales que interferían específicamente o bien con la primera o bien con la segunda lengua. Sin embargo, es importante destacar que en al menos la mitad de los pacientes se mostraron zonas comunes de la representación de las dos lenguas, zonas que cuando eran estimuladas interferían con el procesamiento de ambas. Por último, en este estudio también se comparó la organización lingüística de los bilingües con la de 110 monolingües y, como era de esperar, esta prueba arrojó resultados muy similares. En conjunto, estos resultados fueron interpretados por los autores de la siguiente manera: primero, parece existir cierta separación funcional entre la representación cortical de las dos lenguas. Esto es, existen áreas cerebrales que son fundamentales para el procesamiento de la primera lengua y otras para el de la segunda. Asimismo, existen también ciertas áreas que están implicadas en el procesamiento de ambas lenguas. En tercer lugar, la representación de la primera lengua parece ser similar a la de los monolingües, lo cual sugeriría que el aprendizaje de una segunda lengua no altera significativamente la representación cortical de la primera.

Como he argumentado, los estudios de este tipo nos permiten tener una información más directa y precisa de las áreas cerebrales implicadas, o mejor dicho necesarias, en los procesos cognitivos. A pesar de que estos estudios se podrían considerar oportunistas, pues tienen siempre que responder a criterios médicos, creo que nos aportarán información muy relevante en los próximos años. En especial, el registro de la actividad eléctrica y la estimulación cerebral con electrodos implantados ofrecen la posibilidad de explorar la conducta verbal de los pacientes de manera más exhaustiva. Estos implantes también responden a criterios médicos, y suelen colocarse para explorar el origen de las crisis epilépticas de pacientes que no acaban de responder con suficiente éxito a las terapias farmacológicas convencionales. Así que prepárense para leer más sobre este asunto pronto en los periódicos.

CONTROL, CONTROL, CONTROL

Si el lector ha intentado alguna vez aprender una lengua extranjera, probablemente haya experimentado la desagradable sensación de que, cuando se arma de valor e intenta dirigirse a alguien en ella, las palabras no le vienen a la cabeza o a la boca. No tiene duda de lo que quiere decir, sabe además que conoce las palabras, incluso podría decir algunas; pero no hay manera, a la hora de ponerlas juntas y abrir la boca para hablar se queda atascado. Además, tiene la sensación de que si de todas formas decide probar, o bien le saldrán las palabras una a una sin que formen frases coherentes (lo que cuando era pequeño se llamaba «hablar como un indio», locución que quizá haya desaparecido, y con razón, por ser políticamente incorrecta), o bien notará una interferencia masiva de su lengua dominante. No se frustre demasiado, le pasa a todo el mundo. Ya sabe, mal de muchos... Situaciones como estas son las que llevan a mucha gente a afirmar que son mejores entendiendo que hablando una segunda lengua, aseveración que en muchos casos creo que obedece más a nuestras ilusiones de comprensión lingüística que a la realidad. Estos problemas de fluidez surgen, en parte, porque nos cuesta controlar el acceso a la segunda lengua. No solo nos es difícil acceder a sus palabras y estructuras gramaticales, sino que además las de la primera están ahí, irrumpiendo osadamente en nuestra verbalización. Hace poco, una amiga me dio uno de los mejores ejemplos de esta interferencia y, aunque le pese, lo tengo que compartir con usted. En Barcelona, todos los turistas buscan la Sagrada Familia, y mi amiga amablemente ayudó a un grupo despistado a encontrar el templo dándoles indicaciones en inglés. Estos agradecieron su consideración con un sobrio «thank you», a lo que ella respondió con un muy educado «de *nothing*». ¡¿De *nothing*?! No fue falta de conocimiento, fue falta de control. Por supuesto, mi amiga sabía que aquella no era una frase del inglés, pero es que además sabía qué palabras decir para devolver la cortesía; de hecho, otro simple «thank you» hubiera servido. Pero no, esta vez su lengua no obedeció a su cerebro.

Mi amiga no está sola en su confusión. Todos los que hemos intentado dominar una segunda lengua en la edad adulta nos hemos dado cuenta de que no solo implica el aprendizaje de sus representaciones lingüísticas, sino que requiere la adquisición de una habilidad especial a la que denominamos «control lingüístico». Este es fundamental para poder adquirir una fluidez verbal que nos permita comunicarnos de forma eficiente, y decir «you're welcome» en vez de «de *nothing*». Y ¿cómo se adquiere? Pues ya sabe... La receta de la abuela: práctica.

Los hablantes bilingües competentes en dos lenguas son como malabaristas. Cuando la situación comunicativa lo requiere son capaces de focalizar su discurso en una de ellas sin aparentes dificultades, evitando la interferencia masiva de las representaciones de la otra. Así, por ejemplo, si un bilingüe inglés-español está interactuando con un monolingüe inglés, raramente tendrá intrusiones léxicas del español y cometerá un error translingüístico, es decir, el error de que se «cuele» una palabra del español en la conversación en inglés. Piense el lector que, si eso fuera común, la comunicación con hablantes bilingües sería imposible (a menos que conociéramos sus dos lenguas), y el bilingüismo claramente acarrearía una problemática para la capacidad comunicativa del individuo. Es decir, si en todo momento estuviéramos mezclando de forma involuntaria las representaciones léxicas, sintácticas y fonológicas de las dos lenguas, sería muy difícil mantener un diálogo.

Siempre que expongo este argumento, alguien me hace notar que hay muchas situaciones en las que los hablantes bilingües cambian de lengua durante una conversación, introduciendo elementos de las dos. Eso es verdad, y a ese fenómeno lo denominamos «code-switching» o cambio de código. Esta conducta verbal, sin embargo, está lejos de ser aleatoria y no parece corresponder a un fallo del control lingüístico (al menos en la mayoría de los casos), sino a otras cuestiones de tipo comunicativo. Lo que a mi modo de ver es muy interesante es que, concretamente, el cambio de código respeta ciertas restricciones gramaticales y, por tanto, no puede considerarse que sea resultado de errores en el control lingüístico, al menos en la mayor parte de las ocasiones. Es decir, esos cambios siguen unas reglas bastante sistemáticas. Considere, por ejemplo, lo siguiente: «No sé dónde he dejado las *keys*», donde el artículo del español «las» concuerda con el número de la palabra en inglés. El lector que esté interesado en profundizar en este tema puede hacer una búsqueda en la web con los términos «cambio de código en bilingües».

Los hablantes bilingües no son solo capaces de focalizar su atención en la lengua deseada, sino que además son capaces de mantener con cierta asiduidad conversaciones bilingües. Este concepto es un poco difícil de entender si no se ha experimentado alguna vez. De hecho, sorprende e incluso en ocasiones irrita a mucha gente que vive en entornos monolingües. Imagine la siguiente situación: están a la mesa una familia de cinco personas comiendo (menú: judías verdes y croquetas). El padre habla en castellano con su mujer y con su hijo, pero utiliza el catalán con su hija. La hija, a su vez, habla catalán con su padre, pero castellano con los demás. El hijo y la madre entienden las dos lenguas, pero hablan en castellano con el resto de la familia, incluyendo a la abuela, que solo habla castellano aunque entiende el catalán. Esta situación comunicativa es lo que denomino conversación bilingüe, en la que las dos lenguas se ponen en juego continuamente pero de manera ordenada. Es decir, no es que se usen de manera aleatoria y mezclada sin criterio. Al contrario: la lengua que se use viene determinada por la persona a la que uno se dirige. No discutiremos aquí cómo surgen estas diferencias en la elección de una lengua determinada para cada individuo, puesto que los motivos pueden ser múltiples y de diferente naturaleza (por ejemplo, presencia de otros familiares que no entiendan una de las lenguas). Por raro que parezca, esta situación de «mezcla ordenada» se da con bastante frecuencia. Sin ir más lejos, la familia que he descrito arriba es en la que yo crecí... Y, por cierto, qué buenas estaban las croquetas.

A simple vista, las conversaciones bilingües presentan una paradoja. Dado que todos los participantes de esa mesa conocen las dos lenguas, ¿no sería más fácil y menos costoso decidir en qué lengua hablar y no ir cambiando sin cesar entre ellas? Y si hay conflicto en el momento de escoger, que utilicen cada una de ellas en días alternos y se acabó; total, todos usan ambas sin problemas. Pues bien, esto no es tan simple, y resulta que mantener conversaciones de este tipo no parece ser tan costoso, al menos para bilingües altamente competentes. De hecho, parecería que cuando establecemos qué lengua utilizar con cada individuo, lo que sí nos resulta costoso es dirigirnos a él en la otra lengua. Si no se lo cree, y conoce dos lenguas, pruebe de mantener una conversación con un amigo en la lengua en la que no suele utilizar con él, a ver cuánto dura. Así pues, parece que es más difícil cambiar la lengua en la que estamos acostumbrados a hablarle a alguien que ir saltando de una a otra dependiendo del interlocutor al que nos dirijamos, incluso en la misma conversación. Este hecho provoca que cuando estamos acostumbrados a hablar con alguien en una lengua en concreto, y nos vemos obligados a utilizar otra, a veces pasamos sin querer a la lengua de intercambio habitual. Por ejemplo, en una situación entre amigos en la que se usa el inglés y el español al mismo tiempo, cuando se incorpora una persona que solo sabe inglés, por motivos más que obvios todos los interlocutores intentan utilizar esa lengua (no solo es por cortesía, sino por motivos de éxito comunicativo). Sin embargo, en algunos momentos hay lapsus en los que dos amigos interactúan en español, lo cual puede llevar a situaciones incómodas. Aunque a veces cueste de creer, en la mayoría de los casos este cambio es involuntario y no tiene la intención de excluir a nadie de la conversación. De hecho, se pueden producir algunas situaciones análogas también en monolingües. Por ejemplo, tal vez le suene familiar esta frase: «Encontrémonos en el mostrador de facturación para hacer el *check in*». ¿No deberíamos decir «para facturar»? Este ejemplo, también real, ilustra cómo de difícil nos es cambiar de palabras cuando usamos frecuentemente otras en ese mismo contexto.

Todo lo que acabo de exponer pone de manifiesto que los hablantes bilingües pueden considerarse unos malabaristas, ya que utilizan sus dos lenguas de manera bastante sofisticada. Cuando la conversación lo requiere son capaces de focalizarse en una lengua y evitar las mezclas, y a la vez pueden cambiar de una a otra lengua cuando la conversación implica situaciones bilingües. ¿Cómo lo controlan?

Aunque el estudio de los procesos cognitivos y las correspondientes bases neurales implicadas en el control lingüístico ha llamado siempre la atención de los estudiosos del lenguaje, el interés por este tema ha crecido en los últimos veinte años de manera espectacular. Lo primero que es preciso determinar es qué sucede con las representaciones de la lengua que no está en juego en una conversación, lo que denominamos «lengua no en uso». Por decirlo de manera más llana: cuando un bilingüe español–inglés está hablando con alguien en inglés (lengua en uso), qué sucede con las representaciones del español (lengua no en uso). Si el control lingüístico actuara como un simple interruptor y la intención de hablar en una lengua en concreto fuera suficiente para «apagar» la no deseada y «encender» la deseada, entonces el problema sería relativamente trivial. Simplemente, el sistema bloquearía la activación de la lengua no en uso, y el hablante bilingüe se convertiría «funcionalmente» en monolingüe. Como la anécdota de mi amiga sugiere, la realidad parece ser un tanto más compleja, y numerosos estudios han mostrado una activación en paralelo de las dos lenguas, sin importar la que se esté utilizando. Acompáñeme en la descripción de uno de esos estudios, porque creo que el procedimiento tiene su gracia.

En este estudio, Guillaume Thierry y sus colaboradores de la Universidad de Bangor, en Gales, tenían como objetivo evaluar si existía activación de las representaciones de la lengua no en uso cuando los participantes bilingües llevaban a cabo una tarea en la otra lengua. En otras palabras, si se «apagaba» la lengua que no se estaba utilizando, o por el contrario continuaba «encendida». La tarea era sencilla: se mostraban dos palabras en la pantalla de un ordenador, y los participantes tenían que decir si estaban relacionadas en su significado. Había pares que sí lo estaban («train-car», «tren-coche») y otros que no («train-ham», «tren-jamón»). La tarea se realizaba solo en inglés, y los participantes eran individuos bilingües altamente competentes en chino e inglés que vivían en Gales. De hecho, esta tarea de juicio de relación semántica no era lo importante, era solo para despistar. La manipulación interesante viene ahora. El truco consistía en que, en la mitad de los pares, las traducciones al chino de las palabras que se mostraban en pantalla se parecían en su forma y en la otra mitad no. Por ejemplo, en el par «train-ham» las correspondientes traducciones al chino son «huo che-huo tui». Como observará, estas palabras son parecidas en su forma y, por tanto, desde el punto de vista de los investigadores se considerarían formalmente relacionadas. Por el contrario, en el par «train-apple» («tren-manzana») las correspondientes traducciones al chino son formalmente disimilares («huo che-pin guo»), por lo que se considerarían formalmente no relacionadas. Pero recuerde que en el experimento las palabras se presentaban solo en inglés y nunca en chino. Los autores hipotetizaron que, si al leer las palabras en inglés, los participantes las traducían automáticamente al chino (aunque fuera de manera inconsciente), esto es, si cuando se procesa una lengua (inglés), la lengua no en uso (chino) se activa también, entonces se observaría una respuesta diferente ante estos dos tipos de pares. Esto no sucedió a nivel comportamental, y los participantes eran igual de veloces y cometían el mismo número de errores con ambos tipos de pares. Experimento fracasado... Pero no tan deprisa. A la vez que los participantes realizaban la tarea, los investigadores también registraron la actividad eléctrica de sus cerebros mediante un electroencefalograma. Pues bien, tras analizar esta señal se observó que la respuesta cerebral era significativamente diferente ante los pares relacionados formalmente en chino que ante los no relacionados. ¡Recuerde que la tarea solo implicaba estímulos en inglés!*

Estos resultados, entre otros, sugieren que los hablantes bilingües, cuando procesan una lengua, no pueden «apagar» la otra como si de una bombilla se tratara. Por el contrario, parecería que ambas están hasta cierto punto encendidas durante el procesamiento del lenguaje. Siendo esto así, ¿cómo es posible que no nos confundamos y las mezclemos? El tema del control se nos complica un poco más.

No es mi intención entrar en los detalles precisos de cada modelo de control que se ha propuesto en la literatura del campo. Eso sería demasiado farragoso; el lector interesado puede dirigirse a las lecturas recomendadas al final de este libro. Sin embargo, sí que quisiera introducir al menos uno de los paradigmas experimentales más utilizados para entender cómo funciona el control lingüístico en un individuo bilingüe. He elegido el paradigma del cambio de lengua porque, además de que estoy usándolo desde hace diez años, es hasta cierto punto fácil de llevar a cabo por los lectores. Así que este es uno de aquellos experimentos que sí se puede hacer en casa. El siguiente párrafo es un poco denso, pero el resultado del estudio le sorprenderá, así que creo que vale la pena.

---

* Para el lector familiarizado con esta técnica: la diferencia se producía en la ventana temporal donde a menudo se detectan efectos léxico-semánticos (el componente N400, es decir, 400 milisegundos después de presentar los estímulos).

Una manera de estudiar los mecanismos de control lingüístico en personas bilingües es explorar los patrones de conducta y sus correlatos cerebrales en tareas donde se requiere cambiar de una lengua a otra. Considere por ejemplo esta actividad (figura 4). Se presentan uno tras otro una serie de dibujos a los participantes y se les pide que digan en voz alta la palabra de lo que representan. Los dibujos pueden aparecer enmarcados con un borde de color azul o rojo (los colores en concreto no importan). Los participantes deben decir esa palabra en una u otra lengua dependiendo del color que enmarca cada dibujo. Así, por ejemplo, si el sujeto es un bilingüe español-inglés, cuando aparezca un dibujo con un marco azul dirá su nombre en español, y si aparece con un marco rojo lo dirá en inglés. El truco está en que el color del marco varía aleatoriamente, de tal manera que hay veces en que aparecen dos o más dibujos seguidos con el borde del mismo color y otras en las que se alternan marcos de diferentes colores. Por ejemplo, imaginemos la siguiente secuencia: coche en rojo, paraguas en rojo, silla en azul, vaso en azul, mesa en rojo. Las respuestas correctas serían: *car*, *umbrella*, silla, vaso, *table*. En esta secuencia encontramos diferentes tipos de estímulos, o «ensayos». Hay ensayos donde la lengua que se utiliza para nombrar el dibujo es la misma que la del ensayo inmediatamente anterior, como por ejemplo cuando aparecen el paraguas o el vaso. A estos los denominamos ensayos de repetición, dado que la lengua que se utiliza es la misma. También tenemos ensayos en los que la lengua que se utiliza para denominar el dibujo cambia respecto al ensayo inmediatamente anterior, como cuando vemos la silla en azul y la mesa en rojo. A estos los denominamos ensayos de cambio, dado que la lengua que se utiliza para denominarlos cambia respecto a la usada en el dibujo anterior. Como hacemos habitualmente, mediremos la rapidez (en milisegundos) con la que los participantes emiten la palabra que describe el dibujo y su tasa de errores. Sien-

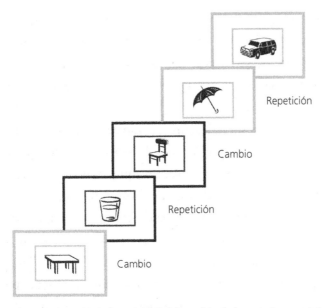

Figura 4: Representación de la actividad del cambio de lengua. Los participantes tienen que decir en voz alta el nombre de lo que representa cada dibujo. La lengua que deben usar viene determinada por el color del marco. Así, encontramos ensayos en los que la lengua que hay que utilizar se repite (ensayos de repetición) y ensayos donde cambia (ensayos de cambio).

to que esta explicación sea un tanto complicada, pero es necesaria para que pueda hacer el experimento en casa. Coja seis objetos comunes, como unas tijeras, un vaso, un lápiz, etcétera, y póngalos fuera de la vista (por ejemplo, debajo de la mesa) de la persona que elija como sujeto. Ahora dígale que le irá enseñando una serie de objetos y que tiene que decir su nombre en voz alta lo más rápidamente posible. Indíquele que, si le enseña el objeto con la mano derecha, tendrá que usar su primera lengua (quizá el español), y si se lo muestra con la mano izquierda tendrá que utilizar la segunda lengua (tal vez el inglés). Empiece a mostrar los objetos de manera aleatoria con cada una de las manos. Si lo hace a una velocidad razonable, como por ejemplo presentando el nuevo objeto alrededor de un segundo después de que el participante dé la respuesta al estímulo anterior, podrá detectar fácilmente el efecto que buscamos: cambiar de lengua cuesta, y además se echarán unas risas cuando el participante cometa errores o se quede trabado. Un truco para reír más: elija un sujeto cuyo dominio de la segunda lengua no sea muy elevado.

¿Qué hemos observado con esta tarea? Primero, que los participantes son más eficientes en aquellos ensayos en los que la lengua se repite, los de repetición, que en aquellos en los que la lengua cambia. Este es el efecto del coste de cambio de lengua, es decir, la diferencia entre el tiempo que toma decir la palabra en cuestión en cada uno de estos dos tipos de ensayos, y muestra que pasar de una lengua a otra toma un tiempo y exige un esfuerzo conductual. Nada sorprendente, de momento. Pero ¿es este coste igual para los dos idiomas de un bilingüe? Considere que está usted realizando la actividad antes descrita en su primera lengua, el español, y en otra en la que es bastante menos competente, el inglés. Adivine: ¿le costará más cambiar de su lengua dominante a la no dominante (del español al inglés) o viceversa? No responda rápido, tómese su tiempo... Permítame ser presuntuoso aquí y atreverme a decir que habrá hecho la predicción incorrecta. Cuando describo este experimento a mis alumnos, la gran mayoría fracasa en su pronóstico. Pero basta de suspense: el coste del cambio de lengua es mayor cuando debemos volver a nuestra lengua dominante (en nuestro caso, el español) que al volver a la no dominante (el inglés). En otras palabras, el coste del cambio es asimétrico: su magnitud es mayor para la lengua dominante que para la no dominante (lo que denominamos «asimetría en el coste del cambio de lengua»). La paradoja, por tanto, es que cambiar a lo que nos es más fácil resulta más costoso que cambiar a lo que nos es más difícil. Felicito al lector que haya acertado el resultado; los demás que no se preocupen, yo tampoco acerté.

Todo esto está muy bien, después de lo que ha leído ya sabe que los psicólogos experimentales son expertos en diseñar experimentos que arrojan resultados sorprendentes, pero ¿qué demonios significa este patrón? Pues bien, esta asimetría se ha utilizado repetidamente para apoyar la idea de que el control lingüístico de las dos lenguas se basa en procesos inhibitorios. Es decir, que cuando queremos hablar en una lengua tenemos que poner en juego procesos que permiten reducir la activación de las representaciones de la otra lengua, y de esta manera conseguir una disminución de la posible interferencia que estas representaciones provocarían cuando queremos focalizarnos en la lengua en uso. Pero inhibir una lengua puede tener efectos en subsiguientes ensayos en los que tengamos que utilizarla. Que nos cueste más pasar de la lengua no dominante a la dominante resultaría del hecho de que la cantidad de inhibición aplicada a una y otra lengua es diferente. Así, si tengo que decir el nombre de lo que representa un dibujo en mi lengua no dominante aplicaría mucha inhibición a mi lengua dominante (para prevenir intrusiones). Si entonces en el ensayo siguiente se me pide que cambie a esta, será bastante costoso dado que tendré que recuperarme de toda la inhibición aplicada en el ensayo anterior. La inhibición aplicada a la lengua no dominante sería menor y, por tanto, me costaría menos recuperarme de ella en ensayos subsiguientes. Así pues, la magnitud del coste del cambio sería mayor cuando paso a mi lengua dominante que cuando lo hago a la no dominante. De hecho, este fenómeno de coste asimétrico no es exclusivo de contextos lingüísticos, y también se ha observado en actividades atencionales que no implican el uso del lenguaje. Así que el hecho de que cuando realizamos dos tareas a la vez nos cueste más volver a aquella que nos es más fácil parece ser una propiedad del sistema cognitivo, y no solo del lingüístico.

Si el lector ha seguido este argumento, créame que no es tan complicado, es posible que se haga la pregunta de qué sucedería con aquellos bilingües más equilibrados, esto es, aquellos cuya diferencia entre el dominio de las dos lenguas es menor. Supongamos que la asimetría en la magnitud del coste del cambio se debe a la diferencia en la cantidad de inhibición aplicada a cada lengua. Cuanto mayor es la discrepancia entre el nivel de competencia entre las dos lenguas, mayor es la inhibición aplicada a la dominante. Por tanto, cuanto menor sea la diferencia en dominancia entre las lenguas, menor debería ser la asimetría. Por ponerlo más claro, los bilingües más equilibrados deberían mostrar igual cantidad de coste del cambio de lengua. Pues sí, es eso lo que justamente observamos hace unos cuantos años en nuestro laboratorio cuando bilingües catalán-castellano y bilingües euskera–castellano relativamente equilibrados realizaron la prueba: les costaba lo mismo pasar de cualquiera de las dos lenguas a la otra. Unos verdaderos malabaristas.

Me atrevería a decir que el tema de cómo los bilingües aprenden y consiguen controlar sus dos lenguas es uno de los que están más en boga en la actualidad entre la comunidad académica. Aquí solo he intentado dar unas pinceladas de cómo se aborda desde el punto de vista experimental. Me he detenido en explicar con cierto detalle uno de los estudios que más se han utilizado para investigar el asunto, y cuál es la lógica que utilizamos para abordarlo. Desafortunadamente, no les puedo ofrecer una respuesta final acerca de cómo se implementa el control de las dos lenguas, pues todavía estamos en ello. Lo que sí parece es que este control continuo sobre las dos lenguas puede tener efectos colaterales en el desarrollo de otras capacidades cognitivas; pero eso lo trataremos en el capítulo 4.

Control lingüístico en el cerebro

En apartados anteriores hemos descrito la conducta verbal de algunas personas bilingües que, como resultado de un daño cerebral, muestran dificultades en el procesamiento del lenguaje. He argumentado que, en gran medida, el patrón más común es un deterioro similar en las dos lenguas a la vez. Sin embargo, existen casos en los que el daño cerebral parece afectar no tanto a las propias representaciones lingüísticas, sino al control voluntario que el sujeto ejerce sobre ellas. Es como si este no pudiera focalizar la atención en una de las lenguas y las mezclara involuntariamente. El estudio de esta conducta verbal y su relación con las áreas cerebrales dañadas ha ido poniendo las bases para entender mejor el circuito neuronal responsable del control lingüístico en los individuos bilingües. De hecho, cada vez hay más estudios que investigan la contribución de la falta de control sobre la lengua en la pérdida de la habilidad para procesarla, más allá del daño a las representaciones. En otras palabras, la información estaría todavía ahí, el problema sería cómo acceder a ella. El caso del piloto Fernando Alonso, comentado antes, si fuera verdad, ejemplificaría esa pérdida de control lingüístico.

Tal vez el modelo más completo sobre este tema sea el propuesto por Jubin Abutalebi y David Green hace justo una década en un artículo publicado en *Journal of Neurolinguistics* (figura 5). En este modelo se propone que diferentes áreas cerebrales estarían implicadas en varios aspectos relacionados con el control lingüístico. De especial relevancia para esta habilidad son ciertas zonas subcorticales, como por ejemplo el núcleo caudado. Un deterioro en esa área da como resultado lo que se ha denominado «cambio de lengua patológico» o mezcla de lenguas. Consideremos, por ejemplo, el caso descrito por Peter Marien y sus colaboradores de

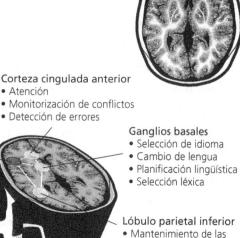

Corteza prefrontal
• Funciones ejecutivas
• Toma de decisiones
• Selección de respuestas
• Inhibición de respuestas
• Memoria de trabajo

Corteza cingulada anterior
• Atención
• Monitorización de conflictos
• Detección de errores

Ganglios basales
• Selección de idioma
• Cambio de lengua
• Planificación lingüística
• Selección léxica

Lóbulo parietal inferior
• Mantenimiento de las representaciones
• Memoria de trabajo

Figura 5: Red cerebral encargada del control lingüístico en hablantes bilingües según el modelo de Abutalebi y Green (2007).

un chico de diez años que sufría problemas con el lenguaje debido a una hemorragia cerebral. Este chico tenía como lengua materna el inglés, pero había aprendido el holandés a los dos años y medio y se comunicaba con sus amigos y en el colegio en esa lengua. Unos días después de la hemorragia, el niño tenía problemas con el lenguaje espontáneo en los dos idiomas, es decir, le costaba mantener una conversación. Lo más notable es que parecía haber perdido el control de las lenguas y las mezclaba involuntariamente.

Las pruebas de neuroimagen que se le practicaron mostraban un flujo sanguíneo anormal en varias regiones cerebrales (lo que en términos médicos se denomina «hipoperfusión»), incluido el núcleo caudado del hemisferio izquierdo. Este flujo anormal hacía que estas regiones no funcionaran de forma eficiente, lo que provocaba los problemas del niño. Afortunadamente, seis meses después el flujo sanguíneo había retornado casi a la normalidad en las zonas frontales y en el núcleo caudado izquierdo, aunque no en otras zonas cerebrales también relacionadas con el procesamiento del lenguaje. Después de esos seis meses, pues, el niño dejó de mezclar involuntariamente el inglés y el holandés. Todavía mostraba ciertos problemas lingüísticos en ambas lenguas, sobre todo por lo que respecta a la fluencia, pero no las mezclaba. Los autores interpretaron la relación entre los síntomas del chico y su daño cerebral como una evidencia de que las áreas frontales y subcorticales (como el núcleo caudado) son las encargadas del control lingüístico en los individuos bilingües. Los casos de pacientes con daño cerebral en estructuras subcorticales que muestran un pobre control de las lenguas son muchos, y tenemos ya suficiente evidencia, incluyendo estudios con pacientes que sufren la enfermedad de Parkinson, de que tales estructuras parecen estar muy relacionadas con el control lingüístico.

Estas observaciones han sentado las bases para el diseño e interpretación de un buen número de estudios con hablantes sanos que han explorado diferentes aspectos del control de las lenguas a través de métodos de neuroimagen. Estos estudios han utilizado diferentes tipos de ejercicios, la mayoría de los cuales implican la necesidad de ejercitar el control lingüístico, como la prueba descrita en el apartado anterior. Sin entrar en demasiados detalles, estos estudios muestran que el control lingüístico se ejerce mediante la puesta en juego de una red cerebral que implica áreas frontales y prefrontales, parietales, el giro cingular anterior y el núcleo caudado.

Además, también tenemos información acerca de qué sucede cuando interferimos en el funcionamiento de algunas de estas áreas mediante la estimulación intraoperativa que hemos descrito en el apartado anterior. Por ejemplo, en un estudio dirigido por Antoni Rodríguez Fornells en el Instituto de Investigación Biomédica de Bellvitge se observó que una interferencia con el normal funcionamiento de zonas mediales e inferiores del área frontal, afectaba a la conducta verbal de dos pacientes en una tarea de cambio de lengua similar a la descrita más arriba.

Una de las cuestiones centrales acerca del funcionamiento del control lingüístico en individuos bilingües se plantea hasta qué punto este implica procesos y áreas cerebrales pertenecientes al sistema de control ejecutivo de dominio general. Es difícil encontrar una buena definición de a lo que nos referimos con el sistema de control ejecutivo. Si usted visita Wikipedia («Función ejecutiva») puede encontrar esta primera aproximación: «El concepto de FE (funciones ejecutivas) define a un conjunto de habilidades cognitivas que permiten la anticipación y el establecimiento de metas, la formación de planes y programas, el inicio de las actividades y operaciones mentales, la autorregulación de las tareas y la habilidad de llevarlas a cabo eficientemente». Intentaré hacer una traducción menos formal, y discúlpeme si caigo en la frivolidad: las funciones ejecutivas son aquellas que ponemos en juego cuando queremos hacer algo sin despistarnos. Es un poco más complicado que eso, pero de momento nos valdrá. Estos procesos de control se accionan sin cesar, y nos permiten mantener los objetivos que queremos perseguir activos en nuestra mente, así como ignorar estímulos o información que puede distraernos y descarrilarnos de la conducta apropiada para alcanzarlos. Si el lector ha visto la película *Buscando a Nemo* tal vez se acuerde de Dory, el pez azul que acompaña al padre de Nemo en su búsqueda y que se despista continuamente. A Dory le fallan algunas partes del sistema de control ejecutivo, como la memoria de trabajo.

En el caso del control lingüístico, el objetivo planteado es hablar en la lengua deseada, y la información que es potencialmente distractora son las representaciones de la lengua que no se está usando. Dado este paralelismo, es razonable pensar que los procesos de control lingüístico utilizan los recursos del sistema ejecutivo de dominio general. Sin embargo, los resultados tanto conductuales como de neuroimagen que tenemos en la actualidad indican que, aunque existe cierto solapamiento, este es solo parcial. Retomaremos esta cuestión y la discutiremos con más detalle en el capítulo 4.

CUANDO LAS LENGUAS INTERACTÚAN...

OLVIDAR LA LENGUA MATERNA

La mayoría de los estudios sobre bilingüismo están dirigidos a entender los procesos de adquisición y uso de una segunda lengua. Por decirlo de alguna manera, los científicos, y me atrevería a decir que la mayoría de la gente, están interesados en entender cómo se pasa de ser monolingüe a ser bilingüe, o cómo se crece siendo bilingüe. Esto último tiene sentido, porque es la situación más habitual. Sin embargo, algunos investigadores se han hecho una pregunta que está hasta cierto punto relacionada con la anterior, y que nos puede informar mucho acerca de cómo aprendemos... y desaprendemos: ¿qué sucede cuando una lengua reemplaza a otra?

Este es un tema que tiene que ver con lo que denominamos «erosión del lenguaje nativo», del inglés *language attrition*. Hay numerosos trabajos que han explorado cómo la adquisición de una segunda lengua afecta al uso de la primera con esta ya establecida. Los patrones de interacción entre las dos lenguas son complejos a todos los niveles lingüísticos. En muchos casos no se reemplaza una lengua por otra, pero sí se pueden observar peculiaridades en el uso del idioma dominante.

Tuve la oportunidad de observar estas interacciones de manera directa cuando vivía en Boston y realizaba mis experimentos sobre bilingüismo en el laboratorio de neuropsicología cognitiva dirigido por mi mentor, Alfonso Caramazza, en la Universidad de Harvard. Además de colgar anuncios en el campus para reclutar personas bilingües español-inglés para mis pruebas, también buscaba participantes de manera más ociosa en las múltiples fiestas organizadas por amigos latinoamericanos. Ya saben, ¡no solo de ciencia vive el hombre! Entre margaritas, mojitos y demasiada música salsa para mi gusto, más o menos me las apañaba para explicarles el tipo de estudios que estaba llevando a cabo. Mi objetivo era claro: tenía que conseguir como fuera sus correos electrónicos o teléfonos para contactar con ellos un par de días después, cuando sus capacidades atencionales se hubieran recuperado. Lo importante era conseguir el contacto. He de decir que tuve más éxito con las personas bilingües de mi mismo sexo que con las del sexo opuesto, pero aquello en ese momento no importaba, pues yo era un científico. Como era de esperar, cuando los llamaba el lunes siguiente con la intención de concretar la cita para realizar el experimento, muchos de ellos reaccionaban con sorpresa y manifestaban no tener ni idea de qué les estaba hablando, y en muchos casos ni de quién era aquel tipo que les llamaba (algunos incluso negaban recordar haber estado en la fiesta en la que nos conocimos, pero eso es otra historia). Aunque tengo que admitir que esta estrategia de búsqueda de participantes era poco convencional, dio sus frutos y conseguí realizar los experimentos de mi posdoctorado.

Cuento esto porque no era extraño encontrarme con jóvenes que, a pesar de que su primera lengua fuera el español, tenían una clara dominancia en inglés. Tanto era así que incluso se matriculaban en cursos de español como segunda lengua, es decir, ¡cursos para nativos del inglés! Cuando conversaba con ellos, podía notar el efecto que había tenido esta lengua en su español, tanto a nivel gramatical como léxico y hasta fonológico. Los dos idiomas estaban interactuando de tal manera que uno se iba «comiendo» al otro. Algunos me recordaban a aquellos catalanohablantes que emigraron a México cuando eran pequeños como consecuencia de la Guerra Civil, y que hablaban en catalán con prosodia mexicana, cosa de lo más curiosa y entrañable. Este efecto del aprendizaje de una lengua sobre otra ya establecida muestra cómo de plástico y dinámico es nuestro cerebro. Intentar describir las interacciones entre las lenguas en los diferentes niveles está fuera del objetivo de este libro. Sin embargo, sí creo pertinente compartir con el lector casos de erosión masiva o completa de la primera lengua, porque pienso que son interesantes tanto desde el punto de vista teórico como práctico.

El número de adopciones de niños que implican personas de diferentes lenguas es considerable. Sin esforzarme demasiado puedo contar hasta diez conocidos que han adoptado niños procedentes de Rusia, China, Vietnam, Etiopía, etcétera. Ninguno de estos papás y mamás sabían (ni saben) ruso, chino, vietnamita o amárico. En muchos de estos casos, los niños dejan de tener contacto con su primera lengua, y pasan a verse inmersos en una segunda (y hasta tercera) lengua. No cabe duda de que esta situación conlleva una pérdida de habilidades en el idioma dominante, pero ¿queda algún rastro de él en el cerebro de estos niños cuando llegan a adultos? ¿O, por el contrario, la plasticidad cerebral es tal que estos chicos olvidarán por completo la que fue su primera lengua durante algunos meses, y en ciertos casos hasta algunos años? ¿Puede el cerebro olvidar una lengua?

Estos estudios son difíciles de llevar a cabo, y tal vez por ello solo existe un número muy reducido de ellos. En el primero, dirigido por Christophe Pallier, del INSERM de París, se seleccionaron ocho adultos coreanos que habían sido adoptados por padres de habla francesa. La edad de adopción variaba de los tres a los ocho años de edad, lo que quería decir que estos niños habían ya adquirido el coreano cuando abandonaron su país natal. Sin embargo, todos ellos afirmaban haber olvidado por completo su lengua materna y no haber tenido problemas con el aprendizaje y uso del francés. Los autores pidieron a estos participantes que realizaran varias tareas en las que el coreano entraba en juego. Por ejemplo, se les reprodujo una serie de frases grabadas en varios idiomas que no eran familiares para los franceses, ni en principio para ellos (japonés, coreano, polaco, etcétera), y se les pedía que dijeran hasta qué punto creían que cada una de esas frases pertenecía al coreano. En otro de los ejercicios se les mostraba una palabra escrita en francés seguida de la grabación de dos palabras en coreano. Los participantes tenían que decidir cuál de ellas correspondía a la traducción de la palabra francesa. El rendimiento de los participantes adoptados en estas actividades fue comparado con el de otro grupo cuya lengua materna era el francés y que no habían tenido ningún contacto con el coreano; esto es, una especie de grupo de control. La hipótesis estaba clara: si los sujetos adoptados mantenían algún tipo de conocimiento de su lengua materna (el coreano), por inconsciente o indirecto que este fuera, su grado de acierto sería mayor que el del otro grupo. Los resultados no confirmaron esta hipótesis; de hecho, el grado de acierto en estos ejercicios fue idéntico en los dos grupos. El coreano había desaparecido de la cabeza de estas personas, incluso de aquellas que habían tenido una exposición a esta lengua bastante dilatada (ocho años). Los autores fueron un paso más allá, y decidieron analizar la actividad cerebral de los dos grupos de participantes durante una tarea que implicara el coreano. Después de todo, aunque su rendimiento conductual no mostrarse huellas del idioma perdido, tal vez su actividad cerebral sí las revelara. Para ello, reprodujeron de nuevo frases grabadas en diferentes idiomas y registraron la actividad cerebral de ambos grupos. Cuando se analizó la de los participantes franceses (el grupo de control) mientras escuchaban francés o coreano, se observó una mayor activación de las clásicas áreas relacionadas con el lenguaje cuando se reproducía la oración en francés. Tiene sentido, ya que estas personas nunca habían tenido contacto con el coreano o ninguna de las demás lenguas. ¿Cómo respondía el cerebro de los participantes adoptados que sí habían tenido contacto con el coreano? Exactamente igual que el de los franceses. Es decir, el cerebro de aquellos adultos que habían crecido con el coreano durante varios años y el de aquellos que habían crecido sin él reaccionaban de igual manera a esa lengua. Era como si ninguno de ellos nunca la hubiera aprendido. El grupo de adoptados había olvidado su lengua materna.

Sin embargo, otro estudio realizado por Jeffrey Bowers, de la Universidad de Bristol, arrojó un resultado sorprendente. En este trabajo se exploró la capacidad que tenían adultos cuya lengua materna era el inglés para aprender un contraste fonológico del zulú y del hindi que no está presente en el inglés. Recuerde el lector que en el capítulo 1 hemos visto cómo nuestra capacidad para discriminar sonidos que no se encuentran en nuestro ambiente se ve ya disminuida al año de vida. Algunos de los adultos habían tenido contacto con esos idiomas durante la niñez, pero en la actualidad decían haber perdido todo su conocimiento de ellos. El grupo de control estaba compuesto por nativos del inglés que nunca habían tenido ninguna relación con esas lenguas. La cuestión era si aquellos que las habían usado durante la niñez podían «reaprender» el contraste fonológico más rápido que los del grupo de control, lo que sugeriría que todavía existía una huella de esa lengua en sus cerebros. Los resultados del estudio fueron claros. Al principio de las sesiones los dos grupos mostraban igual rendimiento, un rendimiento bastante pobre, de hecho, ya que les costaba mucho diferenciar los sonidos. Esto reafirmaba la idea de que el grupo de los participantes que habían sido expuestos a aquellas lenguas habían perdido todo el conocimiento de ellas. Sin embargo, a medida que las pruebas avanzaron aquel grupo fue capaz de discriminar los sonidos de manera más eficiente que el otro. Estos resultados sugieren que aquellos sujetos habían mantenido algún conocimiento, en este caso fonológico, de una lengua que habían dejado de utilizar durante muchos años. Su cerebro había guardado algo de aquella experiencia de la niñez, ¡aunque no fueran conscientes de ello!

Considerando estos resultados, es prematuro concluir que una lengua puede ser olvidada por completo debido a su desuso. No obstante, estos estudios son importantes porque no solo nos dan información acerca de la interacción entre idiomas, sino también acerca de la plasticidad cerebral, o si se quiere de cómo olvidamos.

En este capítulo hemos repasado algunas de las cuestiones más relevantes acerca de cómo el cerebro se las apaña para lidiar con el procesamiento de dos lenguas. Hemos visto que tanto el estudio de la conducta verbal de personas que sufren daño en el cerebro como la evaluación de su actividad en personas sanas mediante las técnicas de imagen cerebral nos pueden informar de cómo las dos lenguas de un individuo bilingüe están representadas en el cerebro. También hemos prestado especial atención a cómo se implementa el control lingüístico en el cerebro, y espero haber transmitido al lector lo importante que es no solo saber un idioma, sino saber utilizarlo (controlarlo). Hemos avanzado un gran trecho en este campo, pero nos queda mucho por descubrir. Si pudiéramos analizar los mecanismos que pone en juego el animal más maravilloso de la evolución, el pez Babel, cuando traduce a todos los idiomas, esta tarea sería menos ardua. Desafortunadamente, ese secreto se lo llevó Douglas Adams con él, aunque por lo visto los ingenieros están intentando descifrarlo.*

* Un ejemplo de ello es la empresa Waverly Labs, que tiene como objetivo diseñar dispositivos que permitan la comunicación entre personas de diferentes lenguas a través de la traducción simultánea. Uno de sus productos son dos pequeños auriculares, uno para cada uno de los interlocutores de una conversación. Cada mensaje que se emite se capta por el teléfono al que están conectados los auriculares, y se traduce a la lengua deseada para ambas personas. Así, pueden mantener conversaciones dos personas que hablan diferentes lenguas. En pocas palabras, es como si cada uno de los interlocutores tuviera un pez Babel en el oído.

3

De las consecuencias del uso de dos lenguas

(o «cómo el bilingüismo esculpe el cerebro»)

En muchos lugares del mundo el bilingüismo tiene una dimensión sociológica y política inevitable. Esto es así, en gran medida, porque en muchas ocasiones está ligado a otros factores como la emigración o la identidad nacional. Esta situación hace que a menudo se expresen opiniones interesadas, y no del todo objetivas, acerca de los peligros o ventajas que puede llevar consigo la experiencia bilingüe. Podemos encontrar aseveraciones como que el bilingüismo acarrea problemas para el desarrollo y uso lingüístico en general o, de manera más extrema, algunos pensadores de hace unas décadas presuponían que el bilingüismo podía resultar en enfermedades mentales tales como la esquizofrenia. Aunque en la actualidad visiones tan exageradas no son frecuentes en absoluto, todavía quedan algunas voces que alertan de los perjuicios que puede conllevar el bilingüismo. El lector que haya llegado hasta este capítulo seguro que se habrá fijado en cómo, por ejemplo, este tipo de opiniones se usan a menudo para poner en entredicho los modelos de educación bilingüe. Por otro lado, algunos estudios recientes, que parecen indicar un desarrollo más eficiente de ciertas capacidades cognitivas asociadas al uso de dos idiomas, han sido publicitados por los medios de comunicación como evidencias de que los hablantes bilingües son más inteligentes. Esta tampoco es una opinión del todo nueva, como hemos podido ver en el capítulo anterior: en la década de los sesenta, el reputado neurocirujano Wilder Penfield aseveraba en una entrevista publicada en un diario canadiense que el cerebro de los bilingües era superior. Cincuenta años más tarde, en 2012, participé en un reportaje publicado en el *New York Times* con un titular de lo más explícito: «Why are bilinguals smarter?» («¿Por qué son los bilingües más listos?»). De nuevo, aquellos agentes sociales y políticos que fomentan la identidad nacional en lugares donde conviven dos idiomas por medio de la lengua utilizan este tipo de información para promover la educación bilingüe. Soy testigo habitual de esta polarización y del uso de los estudios sobre el bilingüismo como arma arrojadiza cuando hago entrevistas para medios de comunicación que están interesados en subrayar uno u otro de esos aspectos, pero no tan a menudo ambos. Además, muchas de estas opiniones no están basadas en un conocimiento científico riguroso. De hecho, el asunto es bastante peor, ya que, aunque se parte de ciertas evidencias científicas, lo que se comunica es una distorsión interesada que no solo hace confundir al público en general, sino que además dificulta el futuro de la investigación en este campo. ¡Y pensar que la manifestación escrita más antigua en castellano, las Glosas Emilianenses, contenía anotaciones al latín en tres lenguas, castellano (navarroaragonés), latín y euskera! No avanzamos demasiado. Lo siento, pero tenía que hacer esta reflexión introductoria. No hablaré más de política; volvamos a la ciencia.

La cuestión científica que nos interesa aquí es qué tipo de efecto tiene la experiencia bilingüe en el procesamiento del lenguaje, la cognición y el desarrollo cerebral de los individuos. En este capítulo nos centraremos sobre todo en lo primero, y dejaremos para el siguiente el tema de cómo la experiencia bilingüe influye en otros dominios cognitivos. Para analizar el efecto del bilingüismo en el procesamiento del lenguaje, es necesario comparar el rendimiento de personas bilingües con el de monolingües y, como cualquier comparación entre grupos de individuos (diferentes estratos sociales, diferentes sexos, diferentes países, etcétera), las conclusiones que se deriven son siempre, como mínimo... delicadas. Por decirlo de alguna manera, no es políticamente correcto descubrir que las mujeres son más eficaces en una actividad intelectual en concreto que los hombres, o viceversa.

Para no confundir a nadie, empecemos por utilizar el sentido común y afirmar una obviedad: la experiencia bilingüe no parece tener efectos dramáticos en la capacidad lingüística del individuo ni en ningún otro dominio cognitivo. Todos conocemos hablantes bilingües que se expresan sin aparentes dificultades en su lengua nativa (y en la no nativa) o que, al menos, no parece que les resulte más complicado que a muchos otros hablantes monolingües. Así pues, podemos afirmar que adquirir una segunda lengua no parece tener efectos devastadores para el uso de la primera, a no ser, como hemos visto en el caso de los niños adoptados en el capítulo anterior, que se deje de utilizar. Por otro lado, a simple vista los hablantes bilingües no aparentan ser más «listos» que los monolingües, y tampoco parecen existir diferencias espectaculares entre sus habilidades cognitivas. No se preocupe por si su oponente en una partida de ajedrez es bilingüe o no. Habiendo dicho lo obvio, a continuación veremos diversos estudios que muestran ciertas diferencias entre bilingües y monolingües en algunas capacidades cognitivas. Lo que tienen de interesante estas diferencias es que nos son útiles para entender cómo interactúan distintos procesos cognitivos entre sí. Empecemos por el lenguaje y respondamos a la pregunta de si la experiencia bilingüe conlleva algún tipo de dificultad en el procesamiento lingüístico.

111

FRECUENCIA DE USO E INTERFERENCIA ENTRE LENGUAS

Suelo poner este ejemplo a mis estudiantes: Juan y David van a jugar un partido de tenis. Juan practica el tenis todas las tardes unas tres horas, mientras que David lo hace solo una hora y media y el resto del tiempo juega a squash. ¿Quién creéis que ganará el partido? La mayoría de los estudiantes, mostrando una inteligencia y prudencia admirables, afirman que no poseen suficiente información y que, a buen seguro, existen muchos otros factores que tendrían que conocer para poder hacer una predicción con sentido. Pero no los dejo escapar, y les doy lo que piden: Juan y David son idénticos en el resto de los aspectos relacionados con la práctica del tenis: aprendieron a jugar a la misma edad, son igual de altos y tienen una coordinación motora comparable. Ahora es cuando los estudiantes apuestan por Juan, razonando que practica el doble de horas que David y que, por tanto, siendo todo lo demás equiparable entre ambos, Juan debería ganar. Es cierto que también dicen que David sabe jugar a dos deportes y Juan solo a uno, pero eso es otra historia.

Espero que el lector haya ya intuido la analogía entre la práctica del deporte y la práctica del lenguaje. Juan practica todas las tardes un solo deporte (tenis), esto es, una lengua (español), mientras que David, dos (tenis y squash), es decir, dos lenguas (español e inglés). Juan es monolingüe y David, bilingüe. Por tanto, y si la analogía fuera válida, cabría esperar que la mayor frecuencia con la que los monolingües practican su única lengua, en comparación con los bilingües, resultara en diferencias en la eficiencia con la que la usan. Después de todo, sabemos que la frecuencia con la que, por ejemplo, usamos las palabras afecta a la fiabilidad y rapidez con la que las recuperamos durante la producción del habla y las reconocemos durante su comprensión. Los hablantes tendemos a recuperar con más velocidad y menos errores términos que solemos encontrar a menudo (mesa) que otros no tan frecuentes (mecha). Además, solemos caer en situaciones de «punta de la lengua» al intentar recuperar palabras de baja frecuencia (a nadie le ocurre con el nombre de su madre). ¿Cómo sabemos esto? Intentaré demostrárselo. ¿Me podría decir cuál es el nombre del ser mitológico que es mitad hombre y mitad caballo? Tic, tac, tic, tac. Si el término le ha venido a la cabeza, felicidades, podrá continuar leyendo tranquilo; si lo tiene en la punta de la lengua... déjeme que sea un poco travieso y le mantenga en ese estado hasta el final de esta sección. Bueno, va, le doy una pista: empieza por la secuencia de sonidos «ce».

Existen varios estudios que han mostrado que ciertas habilidades lingüísticas están afectadas por el bilingüismo. Los hablantes bilingües tienen un acceso al léxico más lento y menos fiable que los monolingües en tareas de producción del habla. Esto lo sabemos gracias a experimentos que han utilizado la técnica de nombrar lo que se representa en dibujos; simplemente se pide a los participantes que digan en voz alta lo que aparece en una pantalla de ordenador lo más rápido posible e intenten no cometer errores. ¿Cuánto tiempo cree que lleva empezar a articular el término desde la aparición del dibujo en la pantalla? Los hablantes jóvenes son capaces de realizar esta tarea en 600 milisegundos de promedio. No está mal, ¿eh? Sobre todo si consideramos que el hablante está eligiendo la palabra deseada de entre los varios millares que tiene almacenadas en su léxico mental.

Pues bien, los hablantes bilingües realizan esta tarea más despacio y con más errores que los monolingües, como se puede observar en el gráfico 2. No sería demasiado sorprendente si esto ocurriera cuando comparamos a los bilingües llevando a cabo la actividad de los dibujos en su segunda lengua con monolingües en

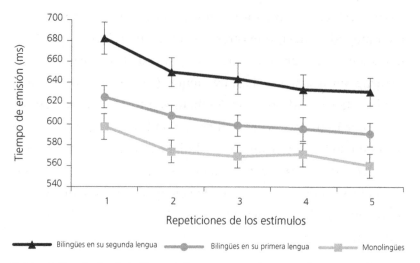

Gráfico 2: Resultados de hablantes bilingües y monolingües en la actividad de nombrar lo que aparece en dibujos en la primera y segunda lenguas. En el eje vertical se representa, en milisegundos, el tiempo de emisión de la palabra. Cuanto más lento, más alta será la puntuación en esta variable. En el eje horizontal se representan las varias repeticiones de los estímulos. A medida que estas se repiten el tiempo decrece. Sin embargo, la diferencia entre las tres condiciones (primera, segunda y única lengua) se mantiene constante.

su única lengua, ya que no sería del todo justo. Al fin y al cabo, que los bilingües fueran un pelín menos eficientes en su segunda lengua sería lo razonable, ya que a menudo encontramos diferencias en los propios bilingües en su rendimiento en la primera con respecto a la segunda lengua. Además, también sabemos por otros estudios que existe una correlación negativa entre la edad a la que se aprenden las palabras y la fiabilidad y rapidez con la que estas se procesan; a menor edad de adquisición, mayor rapidez. Lo que sí es más sorprendente es que la diferencia en eficiencia entre bilingües y monolingües se observa también cuando ambos realizan la actividad de los dibujos en su primera lengua (la única en el caso de los monolingües). Y esto sucede incluso en el caso de bilingües altamente competentes. Es cierto que la diferencia entre unos y otros no es muy grande (alrededor de 30 milisegundos), pero también que el ejercicio de los dibujos es relativamente fácil. No sabemos cómo una diferencia de este tamaño puede verse magnificada (o reducida) al evaluar la conducta verbal de los hablantes en situaciones lingüísticas más complejas.

Para ser justos y más precisos, cabe decir que estas diferencias surgen en mayor medida con aquellas palabras que no se asemejan formalmente en las diversas lenguas («mesa», «table»); son las que denominamos «palabras no cognadas». Las palabras que sí son similares («guitarra», «guitar») no son tan susceptibles a esa ralentización asociada al bilingüismo.

Otra prueba de que el acceso al léxico es menos eficiente en los hablantes bilingües proviene de la observación de que estos tienden a caer en estados de «punta de la lengua» con mayor frecuencia que los monolingües. Como puede imaginarse el lector, estos estudios son complejos, porque es difícil provocar ese estado. Una de las maneras que Tamar Gollan, de la Universidad de California en San Diego, ha ideado es presentar una serie de definiciones de palabras de baja frecuencia y pedir a los participantes que digan en voz alta el término correspondiente; básicamente lo mismo que le he pedido antes al lector con la definición del animal mitológico. Además, y sorprendentemente, este estado de «punta de la lengua» sucede incluso cuando se permite a los bilingües que puedan decir la palabra correspondiente en cualquiera de sus dos lenguas. Es decir, no parece que esta diferencia provenga solo de que una de ellas esté bloqueando el acceso a la otra.

Una de las actividades que se utiliza muy a menudo para evaluar las capacidades lingüísticas de un paciente con daño cerebral es la de la fluidez verbal. La actividad es muy sencilla y la puede practicar usted mismo con cualquier persona (creo que había algún programa de televisión que lo hacía). Esta es la instrucción:

115

«Por favor, dígame tantos nombres de animales como pueda en un minuto, sin repetir ninguno y en una única lengua». Esta tarea requiere un acceso al léxico rápido, además de un control sobre aquello que ya se ha dicho para evitar repeticiones. Pues bien, aquí también se ha mostrado que los hablantes bilingües enumeran menos ejemplos que los monolingües, lo que sugeriría que el acceso de estos a las palabras es más costoso.

Estos resultados, entre otros, sugerirían que la experiencia bilingüe afecta a la eficiencia con la que funcionan los procesos de acceso al léxico. Estos efectos pueden tener su origen en las diferencias de frecuencia de uso de cada lengua, o también, en algunos casos, en la interferencia que puede causar una segunda lengua durante el procesamiento de la primera. Esa interferencia, como hemos comentado en el capítulo anterior, resulta del hecho de que los hablantes bilingües no pueden apagar la lengua que no está en uso. Fíjese en, por ejemplo, el ejercicio de fluencia verbal que acabo de describir: tenemos que evitar producir palabras de otra lengua, con lo cual el hablante bilingüe tiene que bloquear continuamente la posible interferencia que estas pudieran crear. Por tanto, bajo una situación de estrés temporal en la que tenemos que decir tantas palabras como podamos de una categoría en concreto en un plazo de tiempo limitado, es posible que esa interferencia resulte en un rendimiento más pobre.

Existen otras muestras acerca de ello en las que se evidencia que el uso de una lengua puede tener efectos negativos en la recuperación de las representaciones de la otra lengua en momentos posteriores. Imagine que pedimos a un grupo de personas bilingües que nombren una serie de dibujos en su segunda lengua. Tras ello, les pedimos que nombren esos mismos dibujos más otros diferentes, pero ahora en la primera lengua. En principio, uno podría pensar que en este segundo bloque la reacción sería más rápida ante aquellos dibujos que ya habían aparecido antes, dado que, como mínimo, nos sería más fácil reconocerlos. Pues resulta que no. La actividad parece ser más costosa con aquellos dibujos que aparecen repetidos que con aquellos que no han aparecido antes. Es como si haber nombrado algo en una segunda lengua nos dificultara después hacerlo en la primera, lo cual sugeriría la aparición de interferencia entre ellas o, si se quiere, lo costoso que es recuperarse de la inhibición ejercida durante la elocución en la primera lengua. Nos habíamos encontrado con una situación similar cuando hablábamos del coste de cambio de lengua asimétrico en el capítulo anterior.

Consideremos ahora los efectos del estado «punta de la lengua». Como hemos descrito al principio de esta sección, cuando caemos en un estado como este suele ser en situaciones en las que intentamos recuperar una palabra que no utilizamos a menudo o de baja frecuencia. Es razonable pensar que la regularidad con que el bilingüe utiliza las palabras de cada una de sus lenguas es menor que la del monolingüe. Por decirlo más llanamente: todo el rato que paso utilizando el inglés no lo paso utilizando el español. Por tanto, podríamos afirmar que para un bilingüe hay más palabras de baja frecuencia que para un monolingüe, y como esas son justamente las palabras que pueden hacer que caigamos en un estado de «punta de la lengua», es más probable que un bilingüe sufra más este fenómeno en cualquiera de sus dos lenguas.

Cabe decir, sin embargo, que la magnitud de los efectos descritos anteriormente no es dramática, y que existe mucha variabilidad dentro de cada grupo de hablantes. Digámoslo de otra manera: no podemos hacer buenas predicciones acerca de la conducta verbal de un individuo basándonos solo en su condición de bilingüe, dado que hay muchas otras variables que afectarán a su rendimiento lingüístico. El efecto que el bilingüismo pueda tener en la eficiencia lingüística es solo un factor, pero hay muchos más.

Volviendo a la analogía entre el partido de tenis y la competencia lingüística: mis estudiantes eran listos y prudentes diciendo que les faltaba información cuando solo tenían el número de horas que practicaban Juan y David, y que, por tanto, no podían apostar por quién ganaría. De igual manera tendríamos que ser cautos cuando hacemos aseveraciones acerca de las capacidades lingüísticas de personas en concreto, ya sean bilingües o monolingües.

Voy a cumplir mi promesa y aliviaré a los lectores que hayan caído en un estado de «punta de la lengua». ¿Cómo se llama el ser mitológico que es mitad hombre y mitad caballo? Centauro.

El tamaño del diccionario mental

Otro de los efectos que parece asociarse a la experiencia bilingüe, en comparación con la monolingüe, tiene que ver con la posible reducción del tamaño del vocabulario. Es decir, ¿conocen menos palabras los bilingües que los monolingües? Seamos prudentes y empecemos por el principio.

La capacidad para aprender palabras nuevas queda abierta durante toda la vida y, de hecho, nunca dejamos de hacerlo. Es decir, así como otras habilidades relacionadas con el lenguaje, como la adquisición de nuevos sonidos, se reduce dramáticamente con la edad (recuerden el fenómeno de adaptación perceptual discutido en el capítulo 1), el envejecimiento no parece afectar en demasía al aprendizaje de nuevos ítems léxicos. Piense por un momento en las palabras que ha aceptado la Real Academia de la Lengua Española en 2014: affaire, amigovio, backstage, bloguero, chat, coach, conflictuar, espanglish, establishment, feminicidio, friki, hacker, hipervínculo, identikit, impasse, kínder, lonchera, matrimonio homosexual, monoparental, multiculturalidad, papichulo, récord, sunami, tuitear, wifi. Dado que a la RAE le cuesta mucho más aceptar palabras que a los hablantes utilizarlas en el día a día, es muy probable que conozca casi todas ellas, pero en su mayoría las habrá aprendido hace relativamente poco tiempo. He de confesar que no sabía de la existencia de varias de ellas, como «amigovio» o «lonchera» (un recipiente utilizado para llevar una comida ligera a la escuela o al trabajo), así que hoy ya he aprendido dos. La cantidad de palabras nuevas que vamos adquiriendo depende de la riqueza lingüística a la que nos exponemos. Dicho de otro modo, es difícil aprender palabras nuevas cuando la experiencia lectora se reduce a diarios deportivos y nuestro consumo televisivo, a los programas del corazón; otros tipos de ocio son más estimulantes y desafiantes a nivel lingüístico y cognitivo. Y esto no es una posverdad.

Sabiendo que esta capacidad sigue presente durante toda la vida, ¿se ha preguntado el lector alguna vez cuántas palabras conoce? Dos mil, diez mil, veinte mil... ¡Pues no, bastantes más! Según algunos cálculos, un hablante con educación superior suele conocer alrededor de treinta y cinco mil palabras. No está nada mal, ¿verdad? Obviamente, esto no significa que usemos la mayoría de ellas de forma regular; de hecho, nos valemos solo de unas mil palabras en el día a día (no se deprima, según una investigación Cervantes utilizó unas ocho mil en todas sus obras).

Hagamos un breve paréntesis aquí y analicemos un estudio realizado recientemente para estimar la talla del vocabulario de los hablantes del español, que creo que ejemplifica de maravilla cómo podemos utilizar las nuevas tecnologías para responder preguntas interesantes. Ese era el propósito de un estudio liderado por mis colegas Jon Andoni Duñabeitia y Manuel Carreiras, del Basque Center on Cognition, Brain and Language (BCBL). Aprovechando que la gran mayoría de nosotros tenemos un teléfono móvil, una tableta o un ordenador con conexión a internet, los investigadores lanzaron una plataforma donde en apenas cuatro minutos se podía extraer una buena estimación del nivel de vocabulario del usuario. El lector puede comprobarlo buscando en internet «vocabulario BCBL». Recomendación: intente hacer la prueba en competición con otra persona que crea que sabe menos palabras, así siempre podrá presumir del tamaño... de su vocabulario, claro. La tarea que se propone es bien sencilla: en la pantalla aparece una serie de cadenas de letras, y el participante debe indicar si cada una corresponde a una palabra real del español o no, lo que denominamos «tarea de decisión léxica». Parece fácil, pero no se confíe. Todos sabemos que «casa» es una palabra, e intuimos que «cafa» no lo es. Pero ¿lo son «agós», «mopán», «joyel» y «maspán»? No se lo pondré tan fácil como para darle la respuesta, por el momento. Una de las virtudes de esta plataforma es sin duda la agilidad con la que permite que se complete la prueba, ya que cada vez que un usuario la comienza el sistema elige aleatoriamente cien cadenas de letras de una base de casi cincuenta mil palabras reales del diccionario y de otras tantas inventadas. Si a este muestreo aleatorio le sumamos la facilidad para realizar la prueba desde los dispositivos que manejamos a diario, tenemos como resultado que en apenas unas semanas desde el lanzamiento, cientos de miles de personas se sometieron a ella. Sabiendo el porcentaje de acierto de cada uno de los participantes, podemos estimar el tamaño medio del vocabulario de un hablante tipo del español (el índice que se obtiene es un poco más complicado, pero con esto nos basta aquí). Como se ve en el gráfico 3, el número de palabras que conocemos aumenta a medida que nos hacemos mayores (ya sabe, no le conviene jugar al Apalabrados o al Scrable con su abuelo). El estudio continuó explorando las diferencias entre el vocabulario de los hombres y las mujeres, pero como sigo queriendo tener amigos y amigas, dejaré que sea

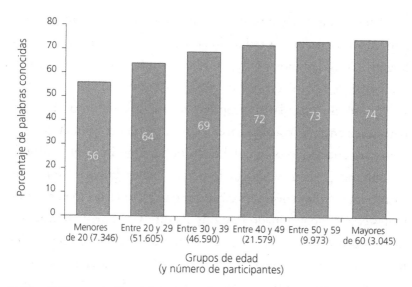

Gráfico 3: Porcentaje de palabras conocidas por los participantes de acuerdo a las franjas de edad. Como se puede observar, el porcentaje va aumentando con la edad. Entre paréntesis se presenta el número de participantes para cada franja de edad.

el propio lector quien explore esos resultados.* Por cierto, «mopán» y «joyel» son palabras reales; «agós» y «maspán» no. De momento, hoy ya he aprendido cuatro palabras, amigovio, lonchera, mopán (aquello relacionado con los mopanes, un pueblo maya) y joyel (joya pequeña).

Dos consideraciones, entonces, antes de pasar al efecto del bilingüismo en el desarrollo del vocabulario. Primero, siempre estamos a tiempo de aprender palabras nuevas y, de hecho, lo hacemos continuamente, aunque no nos demos cuenta. Segundo, la riqueza de nuestro vocabulario está relacionada, en gran medida, con la exposición que tengamos a contextos en los que el uso de nuevas palabras es más frecuente.

---

* Se pueden leer en guk.es: «Un estudio global sobre el español revela que los mayores dominan más vocabulario que los jóvenes».

Varios estudios han mostrado que los individuos bilingües tienen un vocabulario más reducido en sus dos lenguas que los monolingües. Consideremos, por ejemplo, los estudios del grupo de Ellen Bialystok, de la Universidad de York, en Toronto. En uno de ellos se exploró el vocabulario receptivo de casi dos mil niños de entre tres y diez años. El vocabulario receptivo se refiere a aquel que reconocían cuando lo oían y del que podían identificar el significado, con independencia de que lo usaran habitualmente. Para llevar a cabo esta exploración utilizaron un test estandarizado para diferentes edades denominado Peabody Picture Vocabulary Test, al que sometieron a niños monolingües del inglés y a niños bilingües del inglés y diferentes lenguas. La puntuación en vocabulario fue mayor para los niños monolingües de todas las edades. Resulta interesante que el tipo de palabras en las que los monolingües tendían a superar a los bilingües se utilizaban mayoritariamente en contextos domésticos. Y cuando se evaluó el vocabulario que se utiliza fundamentalmente en la escuela la diferencia entre los dos grupos despareció. Tiene sentido, ¿no? Al fin y al cabo, en el contexto escolar todos los niños estaban expuestos a las mismas palabras (al menos en este estudio). Este último detalle es importante, ya que el tamaño del vocabulario escolar es un buen predictor del rendimiento académico. El hecho de que no hubiera diferencia sugeriría que los niños bilingües no se verían afectados en su rendimiento escolar. En cualquier caso, este estudio y otros posteriores han mostrado que la reducción del tamaño del léxico asociado al bilingüismo se extiende a la edad adulta, desde los veinte hasta incluso los ochenta años.

Estos datos tienen que interpretarse con cuidado y, como puede imaginarse el lector, son una munición perfecta para aquellos que están en contra de la educación bilingüe. En primer lugar, tenemos que fijarnos en cómo de grande es la diferencia entre bilingües y monolingües, lo que se denomina magnitud o talla del efecto. Dejen que me explique: imagine que tomamos una medicina para el resfriado que, según se ha probado estadísticamente, acorta la duración de sus síntomas. Es decir, cuando repartimos de forma aleatoria esa medicina a un grupo de pacientes y un placebo a otro, los síntomas del resfriado en general desaparecen antes en el primer grupo que en el segundo. Perfecto; convencidos, vayamos a comprar la medicina. Pero un momento, no tan deprisa. Antes de comprarla, pregúntese en cuánto tiempo se reducen los síntomas, es decir, no tanto si la medicina es efectiva, sino cuán efectiva. Si resulta que los síntomas le durarán dos días menos, cómprela, pero si serán dos horas menos... usted mismo (después de todo, estará resfriado casi el mismo tiempo). Con la reducción del vocabulario pasa lo mismo: el resultado del test para el estudio antes mencionado tiene un media de 100 y una desviación estándar de 15. Esto significa básicamente que la mayoría de los niños puntúa entre 85 y 115. Pero ¿cuál es la media de los niños bilingües? Entre 95 y 100. ¿Y la de los monolingües? Entre 103 y 110. Es decir, todos están muy cercanos a la media de la población en general. Por tanto, sí que es cierto que hay una reducción del tamaño del vocabulario asociada al bilingüismo, pero relativamente modesta.

Por otro lado, podemos caer en la tentación de aplicar la norma del grupo a los individuos particulares y pensar, por ejemplo, que si nuestro hijo crece en un entorno bilingüe, su vocabulario será necesariamente más reducido que si lo hace en un entorno monolingüe. Alto ahí; aplicar la norma del grupo al individuo no es adecuado y, en este caso específico, menos todavía. Los siguientes párrafos son un poco técnicos, pero fáciles de entender, espero.

Fijémonos en el gráfico 4, en el que se representa la distribución de puntuaciones de los niños bilingües y monolingües en un test de vocabulario. En el eje horizontal encontramos las puntua-

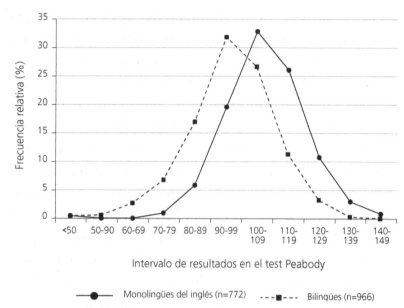

Gráfico 4: Distribución de las puntuaciones en un test de vocabulario de hablantes bilingües y monolingües.

ciones obtenidas en el test y en el eje vertical, el porcentaje de niños para cada puntuación.

Cuanto más alto es el punto de cada línea, mayor porcentaje de niños puntúan en el intervalo de vocabulario descrito en el eje horizontal. Por ejemplo, vemos que hay alrededor del 7 por ciento de niños bilingües que puntúan entre 70 y 79, y que en esa franja solo hay alrededor del 1 por ciento de niños monolingües. También podemos observar que la mayoría de los niños monolingües puntúan entre 100 y 120, mientras que la mayoría de los bilingües lo hacen entre 90 y 110. Por tanto, la calificación media para cada grupo es diferente, siendo más alta para los monolingües. En otras palabras, en general los monolingües conocen más palabras. Pero eso ya lo sabíamos. Sin embargo, lo que llama la atención de esta figura es que hay un gran solapamiento de la distribución de las puntuaciones entre las dos líneas, es decir, entre las puntuaciones de los niños monolingües y las de los bilingües. Esto significa que hay muchos niños bilingües que obtienen puntuaciones más altas que otros monolingües. Por ejemplo, hay bilingües que puntúan entre 110 y 119 y monolingües que lo hacen entre 90 y 99. Si cogiéramos, pues, un niño bilingüe al azar (nuestro hijo), está claro que no necesariamente debería tener un vocabulario más reducido que un niño monolingüe ni, de hecho, que la media del grupo monolingüe. Y eso ¿por qué? Como hemos dicho antes, el tamaño del vocabulario depende de muchas otras cosas más allá del bilingüismo. Si nuestra experiencia lingüística está más centrada en las tertulias de la prensa rosa y en los diarios deportivos que en la *National Geographic* y Cervantes... es difícil que lleguemos a escribir como él.

Todo esto está muy bien, pero ¿y si resultara que el bilingüismo conlleva problemas en los mecanismos que hay detrás del aprendizaje de palabras? Es decir, ¿y si esta reducción del vocabulario no fuera debida a la menor frecuencia con que los niños usan las palabras de cada una de sus lenguas, sino a algún tipo de interferencia lingüística que estuviera afectando negativamente a la formación de memorias léxicas? Como hemos ya avanzado en el capítulo 1 cuando hablábamos de los bebés, este no parece ser el caso, ya que en el fondo los individuos bilingües conocen más palabras que los monolingües si sumamos las dos lenguas. Tiene sentido, ya que de muchas palabras el bilingüe conocerá también sus traducciones, por diferentes que sean (*dog*, «perro»). Parece entonces que el bilingüismo no interfiere en la formación de memorias léxicas y, por tanto, en la adquisición de palabras. Lo más probable es que la reducción del vocabulario asociada al bilingüismo tenga más que ver con la frecuencia de uso y las probabilidades de exposición. Cuanto mayores sean estos dos factores, más probable será que nos encontremos con palabras nuevas que tengamos que aprender (si estuviera leyendo este libro en inglés, tal vez no hubiera encontrado la palabra «joyel»). Es razonable pensar que, manteniendo todas las demás variables constantes, el hablante bilingüe esté menos expuesto a cada una de sus lenguas que el monolingüe y, por tanto, tenga menos probabilidades de toparse con palabras de baja frecuencia. Dicho de otro modo, aquello que no se usa se tiende a no aprender o a olvidar. Pero que quede claro que el bilingüismo es solo una de las variables que puede afectar al tamaño del vocabulario y, muy probablemente, no la más relevante.

Antes de pasar a la siguiente sección quisiera destacar una de las consecuencias prácticas que se desprenden de estos estudios. Muchas de las pruebas de desarrollo lingüístico para niños y de evaluación lingüística para pacientes con daño cerebral están estandarizadas considerando la conducta verbal de hablantes monolingües. Es decir, la norma con la que compararemos el rendimiento de una persona en concreto proviene de hablantes monolingües. Contrastar la capacidad de un bilingüe con esa referencia puede llevar a confusión y a diagnósticos erróneos, puesto que el punto de referencia no es el adecuado ni siquiera cuando evaluamos el vocabulario del bilingüe en su primera lengua. Así que no se preocupe en demasía si su hijo bilingüe no saca una puntuación excelente en una prueba de vocabulario; tal vez no esté teniendo problemas de aprendizaje, sino que le están midiendo con una escala errónea. De hecho, es posible que esté aprendiendo más palabras que otros chicos monolingües pero, eso sí, de dos lenguas diferentes.

Creo que hasta ahora he cumplido mi promesa de no dar consejos, pero permítame una licencia aquí: si de veras le preocupa el desarrollo del vocabulario de su hijo, expóngalo a un contexto lingüístico rico, estimulante y desafiante. Como decía el pedagogo y escritor Amos Bronson Alcott, «Un buen libro es aquel que se abre con expectación y se cierra con provecho». No se preocupe de en qué lengua lo lee; si es en las dos, mejor que mejor.

EL BILINGÜISMO: ¿UN TRAMPOLÍN PARA APRENDER OTRAS LENGUAS?

Tal vez el lector haya oído alguna vez que los hablantes que dominan dos lenguas tienen más facilidad para adquirir una nueva. ¿Es esta otra leyenda urbana? Dada mi poca habilidad para aprender idiomas, siempre me ha intrigado esta aseveración que, a mi modo de ver, tiene una vertiente interesante y otra trivial. La trivial es que si un hablante bilingüe se enfrenta a una lengua nueva que es en algunos aspectos similar a alguna de las que ya conoce, le podría ser más fácil adquirir esos aspectos similares. Viví durante un año en Trieste y, aunque nunca recibí clases formales, era capaz de entender un buen número de palabras en italiano. Era evidente que con mi conocimiento del castellano y del catalán, el aprendizaje del italiano me resultaba relativamente fácil, y digo esto porque, como he dicho, mis habilidades en este aspecto son bastante modestas. Pero claro, la mayoría de las palabras me eran familiares: si me encontraba con una que no era parecida al castellano («donna», que significa «mujer»; «tavola», «mesa», etcétera), era muy posible que lo fuera al catalán («donna» es «dona» en catalán; «tavola», «taula», etcétera), y viceversa. El italiano tiene muchas palabras cognadas con el castellano y/o el catalán, esto es, palabras que tienen un origen común y todavía mantienen una similitud formal. Es verdad que algunas otras no eran similares a ninguna de mis lenguas (las no cognadas: «quindi» significa algo así como «por tanto») y que también existían los malditos falsos amigos, términos muy parecidos pero que significaban otra cosa («gamba» significa «pierna»; «autista», «conductor», etcétera), pero eso es otra cuestión. En cualquier caso, mi conocimiento de dos lenguas similares a la que quería aprender me situaba obviamente en una posición de mayor ventaja que si solo hubiera conocido una, cualquiera de ellas, es decir, si hubiera sido monolingüe. Fíjese en que aquí me he centrado en el tema de la similitud entre palabras de varias lenguas, pero el mismo argumento, o incluso más fundamentado, puede exponerse acerca de la adquisición del repertorio fonológico de una nueva lengua o de sus propiedades gramaticales (recuerde, por ejemplo, los problemas de los hablantes nativos del inglés cuando tienen que aprender el género gramatical de las palabras del español). Es decir, la similitud entre las lenguas puede ayudar a transferir ciertas propiedades de las que conocemos a las nuevas. Aunque esto a veces puede llevar a ciertas confusiones, en muchos casos favorece el aprendizaje. Estas confusiones se ponen de manifiesto a menudo, como cuando nos enfrentamos con los falsos amigos («terrific» en inglés no tiene nada que ver con «terrorífico» en español), o como cuando transferimos el género gramatical de las palabras de una lengua a otra (en alemán la palabra que significa «sol» es femenina, «sonne», y la palabra que significa «luna», masculina, «mond»). En cualquier caso, la vertiente más interesante derivada de la pregunta sobre si el conocimiento de dos lenguas puede favorecer el aprendizaje de una tercera tiene que desligarse de hasta qué punto proviene de las similitudes entre las lenguas propias y aquella que se quiere aprender. Hasta aquí la trivialidad, vayamos ahora a la parte interesante de la aseveración.

Algunos trabajos han mostrado que los hablantes bilingües adultos son mejores que los monolingües en la adquisición de palabras de una lengua nueva... inventada. En uno de estos estudios, dirigido por Viorica Marian, de la Northwestern University, los investigadores enseñaron palabras de una lengua inventada a tres grupos de participantes: bilingües inglés-mandarín, bilingües espa-

PANEL A

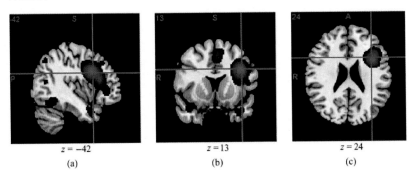

z = −42   z = 13   z = 24
(a)   (b)   (c)

PANEL B

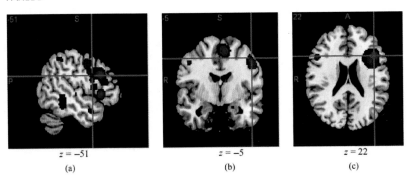

z = −51   z = −5   z = 22
(a)   (b)   (c)

Imagen 1: En los paneles A y B se puede observar el resultado del metanálisis para los bilingües altamente competentes y menos competentes respectivamente. Se debe tener en cuenta que, por convención, la parte derecha de cada imagen cerebral corresponde al hemisferio izquierdo.

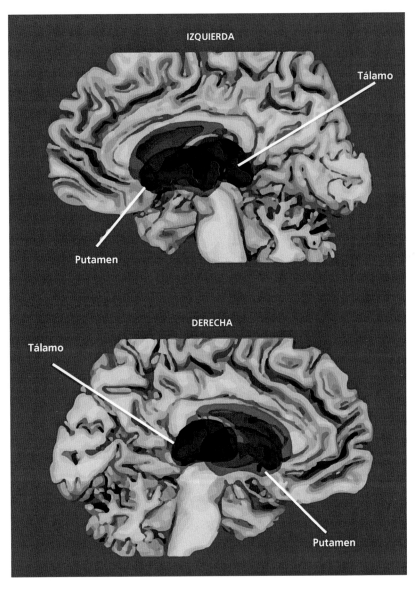

Imagen 2: En el corte sagital se observan en rojo las estructuras correspondientes a los ganglios basales y el tálamo, y en azul las zonas en las que los bilingües presentan una expansión en comparación con los monolingües.

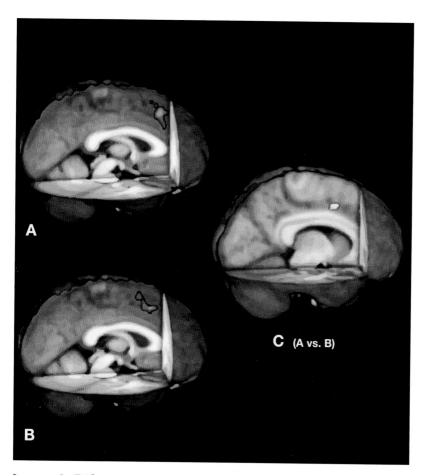

Imagen 3: Diferencias neurofuncionales entre bilingües y monolingües en la actividad de los flancos. En los paneles A y B se muestra cómo se activa la corteza cingulada anterior durante la resolución del conflicto en los bilingües y los monolingües, respectivamente. Como se puede observar, la activación en los segundos es mayor que en los primeros. En el panel C, se presenta la resta entre la activación presente en los monolingües y la de los bilingües.

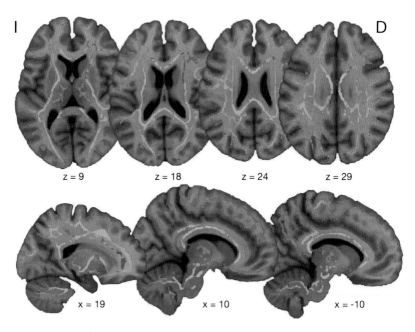

Imagen 4: Diferencias entre bilingües y monolingües en una medida de integridad de la sustancia blanca denominada anisotropía fraccional. Las zonas coloreadas en rojo corresponden a aquellas en las que hay una diferencia significativa entre el grupo bilingüe y el monolingüe. Estas zonas se sitúan en el cuerpo calloso y se extienden al fascículo longitudinal superior y al fascículo frontal-occipital inferior.

ñol-inglés y monolingües del inglés, presentando esas palabras emparejadas con su traducción al inglés. Por ejemplo, tenían que aprender que «cofu» significaba «dog» («perro») en esa lengua. ¿Por qué inventada? Pues porque así se podía controlar que la similitud entre las palabras nuevas y las de la(s) lengua(s) de origen fuera mínima. Es decir, se podía controlar la posible transferencia entre las propiedades de las lenguas de origen y la nueva. Los resultados mostraron que los dos grupos de bilingües fueron capaces de aprender más palabras que los monolingües y, además, esta ventaja se mantenía al menos una semana después de la sesión de aprendizaje. Todavía nos queda por investigar el mecanismo que permite esta ventaja. Para ello nos ayudará saber hasta qué punto esta se da en todo tipo de bilingües o solo en aquellos que aprendieron sus dos lenguas en la infancia, como ocurre en el estudio presentado aquí. En cualquier caso, lo que sabemos hasta ahora es que parece que sí, que el conocimiento de dos lenguas ayuda a desarrollar ciertos mecanismos que se ponen en juego en la adquisición de palabras de una tercera lengua.

Se han obtenido observaciones similares en contextos fuera del laboratorio, como el rendimiento escolar en inglés de niños bilingües y monolingües en escritura, conocimiento morfológico y ortográfico de esa lengua extranjera.

Se ha explorado menos un área donde pienso que es muy probable que sí encontremos diferencias en la adquisición de una tercera lengua entre bilingües y monolingües: el control lingüístico. Como hemos visto en el capítulo anterior, adquirir una segunda lengua y ser capaz de utilizarla requiere aprender cómo controlarla. En este sentido, cuando un bilingüe y un monolingüe se enfrentan a la adquisición de una nueva lengua, es razonable pensar que el primero haya desarrollado ya algunos procesos de control que pueda aplicarle o transferirle. Déjeme que haga la siguiente analogía: cuando se enfrenta a un nuevo idioma, el bilingüe tiene que aprender a hacer malabares con tres pelotas, sabiendo ya hacerlos con dos, mientras que el monolingüe tiene que aprender desde el principio. Es razonable pensar que el bilingüe pueda tener una ventaja en este caso. De hecho, algunos resultados con el paradigma de cambio de lengua, presentado en el capítulo anterior, sugerirían que esto es así. Recuerden que cambiar a la lengua dominante cuesta más que cambiar a la no dominante, y sucede cuando hay una clara diferencia entre el dominio de las lenguas. En hablantes con un buen dominio de las dos lenguas no se observa tal asimetría, y el coste del cambio es igual para ambas, lo que es, hasta cierto punto, lógico. Así, si pedimos a un bilingüe altamente competente que realice la tarea de cambio de lengua de acuerdo con el color del marco en el que aparecen los dibujos, en una de sus lenguas dominantes y en otra tercera que no conoce tan bien, deberíamos encontrar de nuevo la asimetría en el coste del cambio de lengua. Pues resulta que no, que el patrón de ese coste es exactamente el mismo cuando el bilingüe realiza la tarea en sus dos lenguas que cuando la realiza en su lengua dominante y una tercera. Es como si estuviera aplicando los mismos mecanismos de control lingüístico independientemente del dominio del idioma. Esto podría dar una ventaja en el uso de un tercero. Es decir, una ventaja no tanto en el aprendizaje de las representaciones, sino en cómo utilizarlo y controlarlo, lo cual repercutirá en la fluidez con la que se habla.

El egocentrismo y la perspectiva del otro

¿Recuerda la última vez que consultó a alguien en medio de la calle cómo llegar a un lugar concreto? Esta es una respuesta que tal vez le resulte familiar: «Cruce esta primera calle, entonces gire a la

derecha, cuando se encuentre la segunda rotonda salga por la tercera salida y entonces la segunda calle a mano derecha, ¡y ya ha
llegado!» Hum, reconozca que a menudo tiene la sensación de que
hubiera sido preferible no preguntar nada, tal y como ejemplifica
la viñeta de más abajo. Cuando alguien nos da unas direcciones de
este tipo, tiene un mapa en la cabeza del recorrido que debemos
hacer. Para él está chupado, ya que puede ir imaginando todos los
lugares por los que usted tiene que pasar. Pero para usted la cuestión es más complicada, ya que le falta tal mapa en la cabeza y ha
de ir formándolo a medida que el otro le va indicando. Un pequeño error en su mapa mental, un giro a la derecha y no a la izquierda, y adiós, está perdido.

Esta anécdota ejemplifica lo difícil que es a veces establecer una vía comunicativa con éxito, en parte porque la perspectiva del que da las direcciones es diferente de la de quien las recibe. Cuando nos comunicamos con alguien es fundamental conocer la perspectiva que nuestro interlocutor tiene del contexto. Debemos ponernos en el lugar del otro, e intentar adivinar qué es lo que sabe sobre el tema del que estamos hablando, y en qué medida nuestro punto de referencia es común. Si no, la comunicación se dificulta mucho. Piense, por ejemplo, en cuántas veces se cometen errores cuando se establece una cita con alguien que está en un país con diferencia horaria. Quedamos para hablar a las seis. Pero ¿a las seis de nuestro interlocutor que está en Londres o a las nuestras? ¿Cuál es el punto de referencia, el nuestro o el del otro? Tenemos que establecer un punto común, si no volveremos a estar perdidos. Cuando mantenemos un diálogo es como si estuviéramos bailando con alguien. Es una actividad colaborativa en la que nuestros movimientos dependen de los que hace el otro y que continuamente hemos de ir conjuntando. Los interlocutores hacen lo mismo cuando conversan. Eso sí, si se quieren entender.

Ser capaces de ponernos en el lugar del otro es difícil, y de hecho en muchas ocasiones mostramos lo que se denomina «sesgo egocéntrico», la tendencia a pensar que la otra persona tiene la misma información y perspectiva que nosotros sobre una situación en concreto. En definitiva, si yo lo veo claro, entiendo que tú también (bailamos a nuestro aire). Pues resulta que la experiencia bilingüe parece ayudar a desarrollar la habilidad de ponerse en el lugar del otro. Detengámonos en un estudio realizado en la Universidad de Chicago por Katherine Kinzler y Boaz Keysar, porque servirá de ejemplo de cómo estudiar la toma de perspectiva. El experimento es sencillo e ingenioso.

En el estudio participan dos personas. A una se le denomina

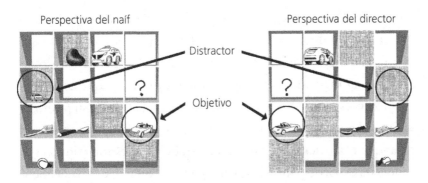

Figura 6: Posición de los objetos desde la perspectiva del director y del participante naíf. Como se puede observar, existen algunos objetos que solo están a la vista del participante naíf, y por tanto es imposible que el director pueda tenerlos en cuenta. Es decir, nunca puede referirse a ellos, porque no sabe que existen.

«el director» y está compinchado con el experimentador, en el sentido de que sabe de qué va el experimento y sigue unas instrucciones. El director tiene que dar indicaciones a la otra persona, que es el participante «naíf» o inocente (no sabe el propósito del experimento). Es precisamente de este último del que nos interesa estudiar su conducta. Estos dos sujetos están separados por unos cubículos en los que hay varios objetos. Algunos objetos que ve el participante naíf, sin embargo, no están a la vista del director. Esta información es conocida por ambos participantes. Por tanto, desde la perspectiva del participante naíf existen objetos que él ve y que sabe que el director no puede ver (véase figura 6). A esos estímulos que solo ve el participante naíf los denominamos distractores, y verá ahora por qué. Imagine que el director le pide al participante naíf: «Por favor, dame el coche pequeño». Desde la perspectiva del último se pueden ver tres coches, uno pequeño, uno mediano y uno grande y, por tanto, este debería darle el coche pequeño. No obstante, aquí está el truco: desde la perspectiva del director el coche pequeño está tapado y, por tanto, este no puede verlo.

El participante naíf sabe que desde su perspectiva el director no puede ver el coche pequeño, solo puede ver el grande y el mediano. Así, cuando el director le pide el coche pequeño, es imposible que se refiera al más pequeño de los tres, ya que solo puede ver dos, el grande y el mediano. Por tanto, el director se tiene que estar refiriendo necesariamente al coche mediano, el cual, desde su punto de vista, es el pequeño. Básicamente la idea es que el director ve menos cosas que el participante naíf, y este lo sabe. La cuestión entonces es: ¿qué hará el participante naíf si el director le pide que le dé el coche pequeño? Si fuera capaz de tomar la perspectiva del director, tendría que darle el mediano. En su cabeza debería pasar algo así: «El director me está pidiendo que le dé el coche pequeño. Yo veo que hay tres coches y, por tanto, tendría que darle el más pequeño de los tres. Pero claro, también sé que el director solo ve dos coches, el grande y el mediano, y, por consiguiente, cuando el director me pide el pequeño se está refiriendo al que yo veo como mediano». Fácil, ¿no? Pero si el participante sufre un sesgo egocéntrico y no toma la perspectiva del otro, le dará el coche más pequeño de los tres, porque desde su punto de vista (y eso es lo crucial, desde su punto de vista) eso es lo que le está pidiendo el director.

Los niños que actúan de participantes naíf tienen problemas para realizar esta tarea. Muy a menudo muestran el sesgo egocéntrico y dan el objeto en cuestión desde su perspectiva y no la de su interlocutor. Y aquí viene el descubrimiento interesante: resulta que los niños monolingües de entre cuatro y seis años eligen el objeto erróneo en alrededor de la mitad de los casos, mientras que aquellos chicos que han crecido en un ambiente bilingüe lo hacen solo en el 20 por ciento. Además, independientemente de que los niños realizaran la tarea de forma adecuada o no (le dieran al director el objeto correcto desde su punto de vista), los autores evaluaron hacia dónde se dirigía su mirada justo después de oír la instrucción. Es decir, midieron su primera reacción. Pues bien, los niños monolingües tendían a mirar más a menudo al objeto distractor que los otros. Es decir, su primera evaluación de la situación era egocéntrica. Pero todavía hay otra sorpresa más: el mejor rendimiento en la tarea por parte de los niños bilingües se produjo de forma independiente de si en la actualidad utilizaban las dos lenguas o no. Era suficiente con haber crecido en un contexto bilingüe para mostrar este mejor rendimiento.

Estos resultados sugieren que los niños que crecen en contacto con dos lenguas desarrollan más tempranamente la habilidad de ponerse en los zapatos del otro y cambiar su perspectiva por la de su interlocutor. Así que ya sabe, la próxima vez que pida indicaciones, tenga la esperanza de que sea a una persona bilingüe.

El origen de esta mayor capacidad para ponerse en la perspectiva del interlocutor tal vez tenga relación con un desarrollo más temprano de la capacidad de ver las intenciones del otro, o lo que a veces denominamos leer la mente. No se asuste, esto no tiene nada que ver con médiums, adivinos televisivos ni otras patrañas por el estilo. Todos nosotros estamos leyendo la mente de nuestros congéneres continuamente. Sabemos que los demás tienen intenciones, deseos y conocimientos en su cabeza, y que son privados y tal vez diferentes a los nuestros. Eso es fundamental para desarrollar, por ejemplo, la empatía, la capacidad de ponerse en la piel de los demás. Por decirlo de una forma llana: sabemos que los otros tienen mentes como la nuestra, y que la información que hay en ellas puede ser compartida o no. El desarrollo durante la infancia de lo que se ha denominado más formalmente «teoría de la mente» es fundamental para el individuo. No solo permite la capacidad de empatizar y es crucial para la socialización, sino que también permite, entre otras cosas, desarrollar la capacidad de mentir. Como decía uno de mis profesores: alégrate cuando tu hijo te mienta, pero solo la primera vez.

Pues bien, resulta que existen evidencias que sugieren que los niños expuestos a dos lenguas muestran un desarrollo de la teoría de la mente más temprana que los monolingües. Pero ¿cómo es posible explorar la capacidad que tienen los niños de leer la mente de los demás? Veámoslo. En un estudio realizado en Italia se utilizó el test de la falsa creencia. En este, el experimentador les explica la siguiente historia a los niños: «Hay un chico que mete una tableta de chocolate en un bote rojo de la cocina, y después vuelve a jugar a su habitación. Mientras el chico está jugando, la mamá entra en la cocina y cambia la tableta de chocolate a una caja de cartón». Después les preguntaba: «Cuando el chico vuelva a la cocina a por la tableta de chocolate, ¿dónde creéis que la buscará?». La respuesta para usted es clara: en el sitio donde la dejó, el bote rojo. Para contestar correctamente, el participante ha de entender que para el niño de la historia todo lo que ha pasado en la cocina cuando él estaba jugando en su habitación es desconocido y, por tanto, tendría que buscar la tableta de chocolate en el lugar donde él mismo la dejó, el bote rojo, y no donde se encuentra en estos momentos, la caja de cartón. Pero para dar esta respuesta, el participante ha de ponerse en el lugar del niño de la historia, tiene que contemplar la perspectiva del otro. Ha de diferenciar lo que él sabe y lo que el niño de la historia puede saber. En definitiva, tiene que ser capaz de separarse del contenido de su propia mente para leer la del otro. Pues bien, resulta que muchos chicos hasta la edad de cuatro años fracasan en esta tarea y creen que el niño irá a buscar la tableta de chocolate donde está en ese momento, en la caja de cartón. Es como si dijeran: «Yo sé que el chocolate está en la caja y, por tanto, el niño de la historia también lo buscará ahí». Los resultados de este estudio mostraron que aproximadamente a los cuatro años, alrededor del 60 por ciento de los niños bilingües rumano-húngaro realizaban la tarea correctamente, mientras que tan solo el 25 por ciento de los niños rumanos monolingües respondían con éxito. Sorprendente, ¿no? Los niños bilingües parecen desarrollar la «teoría de la mente» de manera más precoz que los monolingües.

Pero ¿de dónde sale este efecto del bilingüismo en el desarrollo de la capacidad para ponerse en el lugar del otro? Tal vez venga dado por la necesidad del bebé bilingüe de diferenciar entre los sonidos que hacen papá y mamá. Es decir, si de muy pequeño el niño ha visto a sus padres hablar en diferentes lenguas, quizá eso le habrá ayudado a hipotetizar que las mentes de sus papás son hasta cierto punto diferentes. Y si son las mentes de sus papás diferentes, entonces la suya lo ha de ser también. Es justamente eso lo que podría ayudar al desarrollo de esta capacidad. Pero es solo una hipótesis.

Afortunadamente, de adultos todos somos capaces de aprobar el test de la falsa creencia. Esto no quiere decir, sin embargo, que todos tengamos la misma capacidad para tomar perspectivas diferentes a la nuestra y ponernos en la piel del otro. Estoy seguro de que no tengo que presentar ningún dato experimental para convencer al lector de que hay gente más y menos empática. Sin embargo, creo que le sorprenderá saber que en tareas más complejas sobre falsas creencias el bilingüismo todavía parece tener efecto en la edad adulta reduciendo el sesgo egocéntrico.

CEREBROS BILINGÜES VERSUS MONOLINGÜES:
DE CÓMO EL BILINGÜISMO ESCULPE EL CEREBRO

En este apartado repasaremos algunas de las evidencias acerca de cómo la experiencia bilingüe puede esculpir la anatomía y el funcionamiento de algunas estructuras y circuitos cerebrales. El siguiente contenido puede ser un tanto farragoso y técnico. Si el lector no está demasiado interesado en las cuestiones relacionadas con la representación cortical del lenguaje, puede pasar directamente al siguiente capítulo. Los demás quédense conmigo.

Cualquier aprendizaje que llevamos a cabo tiene un efecto en nuestro cerebro. Aprender es posible gracias a la plasticidad de este órgano, que supone la creación de nuevas conexiones entre neuronas como consecuencia del almacenamiento de nueva información. Aprendemos durante toda la vida. Aprendemos información factual o declarativa sobre el mundo que nos rodea: palabras, números de teléfono, accidentes geográficos, los ingredientes de una tortilla, las calles de nuestra ciudad, la alineación de nuestro equipo favorito, los nombres de los elementos de la tabla periódica, que al arroz de bacalao le viene muy bien ponerle guisantes, etcétera. Este tipo de información es la que a menudo decimos que se aprende de memoria, y que vemos cómo a medida que algunas enfermedades neurodegenerativas avanzan va desapareciendo. Pero también aprendemos cómo hacer cosas: caminar, ir en bicicleta, nadar, conducir un coche, hablar y leer, etcétera. Esta es la que llamamos información de tipo procedimental, que es aquella que nos permite llevar a cabo actividades altamente automatizadas.

El aprendizaje de la lengua conlleva la absorción de estos dos tipos de información diferentes, ya que por un lado tenemos que adquirir los ítems léxicos (vocabulario) y por otro los procesos gramaticales para combinarlos (sintaxis). Pero ¿cómo afecta al cerebro la adquisición y uso de dos lenguas? En otras palabras, ¿existe alguna diferencia entre el cerebro de los bilingües y el de los monolingües en la red cerebral encargada de procesar el lenguaje?

Para contestar a esta pregunta, la información que nos proporcionan las técnicas de neuroimagen es fundamental. A nivel funcional, varios estudios han mostrado que existen diferencias entre los niveles de activación de ciertas áreas cerebrales cuando los individuos bilingües y monolingües procesan su primera lengua. Es importante que se trate de la dominante, porque lo que nos interesa aquí no es tanto la diferencia de procesamiento entre una primera y una segunda lengua (eso lo hemos discutido en el capítulo 2), sino hasta qué punto el procesamiento de la primera es diferente en bilingües y monolingües. Retomando la analogía de los deportes practicados por David, el tenis y el squash, la cuestión es cómo el aprendizaje de dos deportes afecta a la representación cortical del primero que se sabía, es decir, cómo aprender squash afecta a la representación cortical del tenis.

Tal vez el estudio más completo sobre esta cuestión fue el realizado por Cathy Price y sus colaboradores del University College de Londres, donde se estudió la actividad cerebral de hablantes bilingües griego-inglés altamente competentes y de monolingües del inglés en varias tareas lingüísticas. Los resultados mostraron que la actividad cerebral en tareas de comprensión del lenguaje, como por ejemplo del habla, era muy similar en ambos grupos. Sin embargo, aquellas tareas que implicaban el sistema de producción de la lengua, como por ejemplo nombrar dibujos o la lectura en voz alta, sí que daban lugar a diferencias. Concretamente, en los bilingües se observó mayor activación de cinco áreas cerebrales situadas en zonas frontales y temporales del hemisferio izquierdo. No quiero aburrir al lector detallando qué interpretación específica de cada área hacen los autores. Solo mencionaré que otros datos sugieren que estas áreas cerebrales están también relacionadas con efectos de frecuencia de uso y de control lingüístico. Lo que sí es importante subrayar es que, al menos en este estudio, no se observaron diferencias importantes en las zonas que se activaron en los bilingües y en los monolingües. En gran medida fueron las mismas, aunque, eso sí, con mayor intensidad en los primeros. Estos resultados fueron interpretados por los autores como evidencia de que, bien por el menor uso de cada una de las lenguas bien por la necesidad de controlar interferencias, o por ambas razones, los hablantes bilingües requieren de un cierto sobreesfuerzo durante la producción del habla en comparación con los monolingües. Otros estudios realizados con diferentes grupos han mostrado patrones similares y, de hecho, se observan de forma más exagerada cuando el dominio de la segunda lengua es menor. Estos resultados sugerirían que el aprendizaje y uso de una segunda lengua no afecta de una forma radical a la representación cerebral de la primera, pero sí que afecta al esfuerzo necesario para su procesamiento, en especial cuando hablamos.

Sin embargo, otros estudios han mostrado la existencia de algunas especificidades relacionadas con el bilingüismo. Por ejemplo, en un estudio realizado en la Universidad Jaime I de Castellón por el grupo liderado por César Ávila, comparamos la actividad cerebral de bilingües castellano-catalán con la de monolingües del castellano mientras realizaban diversas tareas en su primera lengua, el castellano. Igual que lo que hemos expuesto anteriormente, las diferencias entre los grupos fueron muy pequeñas cuando la actividad implicaba la comprensión auditiva de palabras. Sin embargo, cuando se pedía a los participantes nombrar dibujos se observó que los bilingües tendían a utilizar una red cerebral más amplia que los monolingües. Dicho de otra manera, los bilingües incorporaban áreas que no estaban íntimamente relacionadas con el procesamiento lingüístico. Esto podría sugerir la existencia de ciertas zonas cerebrales, localizadas fundamentalmente en áreas prefrontales, que solo estos estarían utilizando durante el habla.

A mi entender, estos resultados revelan que la representación cortical de la primera lengua del bilingüe es, en general, bastante similar a la del monolingüe. Las clásicas áreas donde tiene lugar el procesamiento del lenguaje se ven implicadas en ambos casos. Sin embargo, esto no significa que el bilingüismo no tenga ningún efecto en cómo se incluyen esas áreas y, como hemos visto, es posible que, en este caso, alguna de ellas tenga que «trabajar más duro». Por ello, me parece prematuro descartar la idea de que puedan existir ciertas áreas que se activen especialmente en los bilingües. Y es muy posible que estas áreas tengan que ver con procesos de control y no tanto con la representación del conocimiento lingüístico.

CAMBIOS ESTRUCTURALES

En la sección anterior hemos descrito estudios que miden la actividad cerebral ante diferentes tareas lingüísticas. Sin embargo, aprender y utilizar dos lenguas parece tener consecuencias no solo funcionales, sino también sobre la estructura cerebral. Con «estructura cerebral» me refiero fundamentalmente a dos aspectos: la densidad o volumen de la sustancia gris y la de la sustancia blanca. Muy sucintamente, la densidad de la sustancia gris se define como el número de cuerpos neuronales y sinapsis presentes en un determinado espacio de la corteza cerebral. En el caso de la sustancia blanca, hace referencia a las fibras nerviosas cubiertas de mielina, básicamente a las que incluyen axones mielinizados. Estos son fundamentales para transmitir información entre neuronas, y la mielina actúa como aislante que permite que los impulsos nerviosos se transmitan de manera fiable (como el plástico que recubre un cable eléctrico). Por decirlo así (y que no se me enfaden los neurólogos por la analogía): la sustancia gris es la que computa la información y la sustancia blanca es el cable que se encarga de transmitirla de un sitio a otro.

Resulta que la densidad de estas dos sustancias puede verse alterada por el aprendizaje de una nueva habilidad. Por ejemplo, en un estudio publicado en *Nature* se mostró que el entrenamiento en malabares tenía como resultado diversos cambios en la sustancia gris en áreas cerebrales relacionadas con el procesamiento y almacenamiento de información compleja visomotora. Otros estudios han mostrado que tal modificación se presenta con solo entrenarse durante una semana. Por otro lado, otro estudio más reciente publicado en la revista *Nature Neuroscience* identificó efectos del entrenamiento en malabarismo también en la arquitectura de la sustancia blanca. Aprender modifica el cerebro, por lo que de alguna manera podríamos decir que el saber sí que ocupa lugar, o al menos modifica la estructura del lugar en términos de arquitectura cerebral.

De hecho, también sabemos que no hace falta participar en un protocolo de entrenamiento para alterar la estructura de nuestro cerebro, y que actividades cotidianas pueden resultar también en algunas modificaciones. Tal vez el caso más conocido sobre esta cuestión sea el estudio donde se comparó la estructura cerebral de un grupo de taxistas de Londres con una media de experiencia de catorce años con la de un grupo de control que, si bien compartía muchas otras variables, no poseía experiencia en la conducción de taxis. Tengan en cuenta que en el momento en que se hizo el estudio el uso del asistente de navegación no estaba tan extendido como en la actualidad y, por tanto, los conductores necesitaban aprenderse el mapa de Londres de memoria. Los autores observaron que, curiosamente, los taxistas tenían un mayor volumen de sustancia gris en un área relacionada íntimamente con el almacenamiento de las representaciones espaciales, la parte anterior del hipocampo izquierdo y derecho. Además, ese mayor volumen se correlacionaba con los años de experiencia al volante; a más años, mayor volumen, es decir, a mayor experiencia, más sustancia gris. Estos resultados sugieren que actividades que llevamos a cabo diariamente tienen un efecto en la estructuración de nuestro cerebro. Nuestra conducta y nuestro aprendizaje esculpen el cerebro.

La cuestión es si la adquisición de dos lenguas afecta de alguna manera a la anatomía cerebral o, si se quiere, a la arquitectura estructural. Fíjese en que utilizo la expresión «arquitectura estructural» para diferenciarla de la «arquitectura funcional cerebral», que hemos discutido en la sección anterior. El primer estudio que analizó esta cuestión fue el realizado por Andrea Mechelli y sus colaboradores, publicado en la revista *Nature* en 2004. Los autores compararon la estructura de ciertas áreas cerebrales de hablantes monolingües y bilingües, y mostraron que una en concreto, el lóbulo parietal inferior del hemisferio izquierdo, tenía una mayor densidad de sustancia gris en los bilingües que en los monolingües. Esto pasaba tanto cuando la segunda lengua había sido aprendida en la niñez como cuando se aprendía un poco más tarde. Además, los individuos bilingües con un vocabulario más extenso en la segunda lengua también mostraban una mayor densidad en esa área cerebral. Estos resultados llevaron a los autores a sugerir que el aprendizaje del vocabulario de una segunda lengua tiene consecuencias en el desarrollo de la sustancia gris de esa área cerebral en particular.

La plasticidad de ciertas áreas no solo se refleja en la adquisición de palabras nuevas, sino también de sonidos, tal y como sugiere la observación de que los hablantes multilingües tienen una mayor densidad de sustancia gris en una zona implicada en la articulación y los procesos fonológicos, el putamen izquierdo. Así pues, un repertorio fonológico más extenso y la necesidad de controlar los movimientos articulatorios de cada lengua afectaría a la estructura de las áreas encargadas de estas representaciones.

No obstante, los estudios que comparan la estructura cerebral de monolingües y bilingües tienen un problema cuando intentan dar una interpretación causal a los resultados. Es el problema del huevo y la gallina. No podemos saber si la experiencia bilingüe forma el cerebro de una manera determinada o si aquellos individuos con un tipo de arquitectura especial son los más preparados para aprender una lengua y, por tanto, tienen más facilidad para ser bilingües. Si esto fuera así, crecer en un ambiente bilingüe no afectaría a la estructura cerebral, simplemente habría una relación entre ambas variables, pero no causal. Por llevarlo a un terreno más práctico: si comparamos la estatura de los jugadores de baloncesto con la de los futbolistas veremos que es diferente, pero eso no significa que practicar el baloncesto haga a la gente más alta ni que practicar el fútbol la empequeñezca. Precisamente porque son altos juegan al baloncesto y, por tanto y siguiendo con la analogía, dado que algunos individuos muestran ciertas áreas con mayor densidad de sustancia gris, tienen más facilidad para aprender una segunda lengua con éxito y llegar a ser bilingües.

Hay dos maneras de solventar el problema de la interpretación causal. La primera es evaluar individuos que sean bilingües no porque hayan aprendido la segunda lengua de manera reglada, como en la escuela, sino porque hayan nacido o vivido en ambientes bilingües. Es decir, un niño que nace en una familia donde se hable el inglés y el español aprenderá las dos lenguas más allá de cuál sea su arquitectura cerebral; es decir, sabrá jugar al baloncesto (si eso es a lo que juegan sus papás) sin que importe su altura. Por tanto, si encontramos diferencias en la estructura cerebral de este tipo de bilingües en comparación con la de los monolingües, no podremos atribuirlas al bilingüismo por adquisición reglada, sino al resultado de la experiencia bilingüe. Veamos un par de trabajos.

En un estudio realizado con hablantes bilingües castellano-catalán, cuyo bilingüismo era debido simplemente al entorno donde habían crecido, se observó que en estos el volumen del giro de Heschl izquierdo era mayor que en los hablantes monolingües, tanto en la sustancia gris como en la blanca. Esta área cerebral está relacionada con el procesamiento fonológico, y por tanto los autores concluyeron que la experiencia con dos lenguas de sonidos relativamente diferentes afecta el desarrollo de las zonas encargadas de su procesamiento. Pero esta región no es la única que incrementa su volumen. En un trabajo centrado en una población similar de bilingües castellano-catalán se observó que las diferencias en la sustancia gris se dan incluso en zonas profundas del cerebro, zonas que, hasta hace no mucho, se pensaba que tenían una menor intervención en procesos tan complejos como la comprensión o la producción del lenguaje. Hoy en día sabemos que estas áreas, que incluyen los ganglios basales y el tálamo, están involucradas en la articulación de los sonidos del habla, entre otras cosas (véase la imagen 2 en las láminas centrales). Los individuos bilingües someterían estas estructuras a un trabajo extraordinario, ya que deben aprender a producir una mayor cantidad de sonidos diferentes.

La otra estrategia para determinar la relación causal entre la experiencia bilingüe y los cambios cerebrales es realizar estudios en los que se mide el efecto del aprendizaje lingüístico en la estructura cerebral. Estos estudios tienden a ser costosos, dado que idealmente son longitudinales y, por tanto, requieren el análisis de los participantes en diferentes momentos temporales. En uno de esos estudios se evaluaron los cambios que experimentaban hablantes nativos del inglés durante la inmersión en una segunda lengua, el alemán. Se tomaron las medidas del cerebro relacionadas con el aprendizaje de la segunda lengua al principio de su estancia en un entorno alemán y cinco meses después. Se observó una correlación entre cuánto habían aprendido en comparación con su punto de partida y el cambio en la densidad de la sustancia gris de un área cerebral relacionada con el lenguaje, el giro inferior frontal del hemisferio izquierdo. Aquellas personas que habían aprendido más alemán mostraban un mayor cambio en la densidad de la materia gris en esa zona. Nótese que esta relación es independiente del nivel final de competencia adquirido en la segunda lengua; apunta a la diferencia entre el nivel con que se comenzó el aprendizaje y el nivel con que se acabó, lo cual sugiere que lo importante es cuánto habían mejorado los participantes y no tanto hasta dónde habían llegado. Ya sabe, entonces: si envía a su hijo de Erasmus al extranjero, espere cambios no solo en sus horarios de comidas sino también en la sustancia gris de su cerebro.

Otros estudios han analizado también cómo la edad de adquisición de una segunda lengua puede afectar a la estructura cerebral. En uno de estos trabajos se observó un patrón bastante curioso e interesante. Aquellos bilingües que habían aprendido una segunda lengua después de la infancia mostraban, en comparación con los monolingües, más sustancia gris en el giro frontal izquierdo y menos en la estructura homóloga en el hemisferio derecho. Además, sorprendentemente, este efecto no se observó en los bilingües simultáneos, que no presentaban diferencias con los monolingües.

Como hemos avanzado, la experiencia bilingüe también parece afectar al desarrollo de la sustancia blanca. Sin embargo, los resultados de los diversos estudios sobre este aspecto son un poco menos concluyentes. Así, mientras que algunos trabajos muestran la existencia de cambios en el cuerpo calloso (las fibras que conectan los dos hemisferios), otros han encontrado diferencias en el fascículo occipitofrontal. Incluso otros estudios que comentaremos en el siguiente capítulo lo han hecho en otras fibras cerebrales.

Por último, es importante destacar que, como han señalado algunos autores recientemente, como Manuel Carreiras, del BCBL, la evidencia que tenemos en la actualidad acerca de cómo el bilingüismo esculpe el cerebro es un tanto confusa. Además de que los resultados de los distintos estudios son poco coherentes entre ellos, no hay demasiados trabajos publicados que permitan aportar una visión un poco más fiable y precisa de las áreas afectadas por el bilingüismo. Esto es un problema, es cierto, pero también una oportunidad para continuar explorando la interacción entre una actividad tan cotidiana como es hablar en dos lenguas y la plasticidad cerebral. No dudo de que en los próximos años avanzaremos en esta dirección satisfactoriamente.

En este capítulo hemos repasado algunos de los efectos que la experiencia bilingüe puede conllevar en el procesamiento del lenguaje. La comparación principal que ha hilvanado las diferentes secciones es la del procesamiento del lenguaje en individuos bilingües y monolingües. Así, hemos visto que el bilingüismo puede resultar en ciertas dificultades en el acceso al léxico en tareas de producción del habla, así como en un vocabulario más reducido. A la vez, también hemos descrito algunos contextos que se pueden ver favorecidos por la experiencia bilingüe, como por ejemplo el cambio de perspectiva o la capacidad para leer la mente de otras personas. Finalmente, hemos analizado algunos estudios que muestran cómo el bilingüismo puede afectar al desarrollo de ciertas estructuras cerebrales. Cabe recalcar que en todos estos apartados hemos hecho hincapié en que la magnitud de los efectos del bilingüismo, aunque muy ilustrativos e informativos acerca de cómo interactúa el aprendizaje en el cerebro, son relativamente modestos. O, si se quiere, el bilingüismo es solo un factor más de los muchos que pueden afectar a nuestra competencia y desarrollo lingüístico. Es por ello por lo que tenemos que ser muy cautos cuando leamos o escuchemos opiniones interesadas de políticos y otros agentes sociales acerca de las bondades y/o problemas que puede conllevar la experiencia bilingüe. Por lo menos, por favor, no utilicen la ciencia con ese fin, porque en muchos casos no dice lo que ustedes proclaman. Lo siento, lo tenía que volver a decir.

4

El bilingüismo como gimnasia mental

(o «más allá del procesamiento del lenguaje»)

Me encuentro escribiendo estas líneas en un hotel de Manhattan. Me estoy preparando para ir a dar una charla en unas jornadas de trabajo donde se discute cómo el bilingüismo puede afectar al desarrollo del sistema atencional de las personas. Los dos días de debates están siendo intensos y la comida, más que correcta, y todavía espero poder encontrar entradas para ver mi musical favorito en Broadway antes de volver a Barcelona.

Si el lector ha tenido la oportunidad de pasear por Nueva York, o por cualquier otra ciudad por el estilo (si es que hay otras), habrá experimentado la cantidad de estímulos que continuamente le están llamando la atención. Las luces de los paneles de publicidad, el ruido del tráfico, las sirenas de los bomberos, la cantidad de gente diferente con la que se va cruzando y, por supuesto, los olores que emanan de los carritos de comida. Todos ellos son estímulos que captan mi atención de forma insistente. La ciudad es toda una experiencia para los sentidos, pero también un reto para mi sistema atencional, pues tiene que asegurar que, a pesar de toda esa distracción, acabe llegando a tiempo a mi charla. En definitiva, es divertido, pero también cansado. Les explico esto porque este capítulo versa acerca de cómo el bilingüismo puede ser un factor que afecte a nuestra capacidad atencional, entre otras habilidades cognitivas.

El tema de las jornadas es tal vez el que en estos momentos está atrayendo más la atención de la comunidad científica y de la sociedad en general (provocado, en parte, por el gancho que ha tenido en los medios de comunicación): hasta qué punto el uso continuo de dos lenguas puede tener consecuencias en el sistema de control ejecutivo de las personas; y, más en concreto, hasta qué punto esas consecuencias producen ventajas a nivel atencional. Si esto fuera así, podríamos afirmar que el bilingüismo tiene consecuencias positivas no solo a nivel social, cultural y económico, sino también en el desarrollo de unas funciones tan cruciales como son las ejecutivas. Como se puede imaginar el lector, esta evidencia es diametralmente opuesta a las visiones de hace casi medio siglo, que relacionaban la experiencia bilingüe con el desarrollo de problemas cognitivos.

Esta hipótesis se fundamenta en la idea de que el control lingüístico que deben ejercer las personas bilingües implica procesos comunes al sistema de control ejecutivo. De tal manera, cuando el bilingüe procesa el lenguaje está al mismo tiempo ejercitando los procesos y las correspondientes estructuras cerebrales que forman parte de las funciones ejecutivas centrales. Pongamos un ejemplo. En el capítulo 2 hemos visto que, de acuerdo con ciertos modelos, cuando un individuo bilingüe utiliza una de sus lenguas existe cierta activación de las representaciones de la otra, la que hemos denominado «lengua no en uso» (recuerden el experimento con participantes bilingües chino-inglés). También hemos explicado cómo para evitar interferencias de esa lengua no en uso parece que se ponen en juego mecanismos inhibitorios que hacen que sus correspondientes representaciones no actúen como potenciales competidores. Es así como conseguimos no balbucear en todo momento y mezclar las lenguas sin querer. Pues bien, la hipótesis es que esos mecanismos inhibitorios son los mismos que se ponen en juego cuando consigo llegar a mi charla y no quedarme embarrancado en todos los estímulos que me llaman la atención de camino a la universidad. Es decir, el olor de los perritos calientes, el sonido de las sirenas de los bomberos, etcétera, estímulos atractivos pero irrelevantes para mi objetivo (llegar a la charla), son ignorados o inhibidos por mi sistema de control ejecutivo. Y esos procesos de inhibición son los mismos que ponen en juego los bilingües cuando controlan sus lenguas. Si esta hipótesis fuera cierta, sería posible que, ya que los humanos somos *talking heads* y pasamos buena parte del tiempo utilizando el lenguaje, el ejercicio (y en ocasiones los malabarismos) que hacemos los bilingües controlando las lenguas se tradujera en un sistema atencional más eficiente. Bonita hipótesis, ¿no cree?

Antes de pasar a describir cómo está siendo evaluada experimentalmente esta hipótesis, es importante precisar un par de cuestiones. Primero, una cosa es que el bilingüismo tenga efectos sobre las redes cerebrales que están implicadas en el sistema de control ejecutivo, y otra muy diferente es que esos efectos resulten en una ventaja palpable para su funcionamiento. A mi modo de ver, cuando hablamos de ventajas, estas deberían ser evaluables desde el punto de vista de la conducta, es decir, si se traducen en un mejor rendimiento en tareas que impliquen a ese sistema. Si un individuo bilingüe es capaz de pasear por Manhattan despistándose menos que un monolingüe y llegar a la charla sin tener que apresurarse, eso sería una ventaja. Si, por el contrario, ambos llegan a la charla con igual puntualidad pero utilizando redes cerebrales relativamente distintas, entonces no estoy seguro de que debiéramos considerarlo una ventaja atencional. Desde luego que este último caso continuaría siendo un hecho interesante y relevante desde el punto de vista teórico, pero no podríamos hablar de ventaja en términos conductuales.

Segundo, es importante determinar la magnitud del efecto del bilingüismo. La mayoría de las actividades que solemos realizar implican el sistema de control ejecutivo, desde conducir el coche hasta hacer café y hablar por teléfono a la vez y, por tanto, ejercitamos este sistema continuamente. Es entonces importante determinar en qué aspectos, y hasta qué punto, el bilingüismo puede implicar un ejercicio adicional que resulte en un funcionamiento ejecutivo más eficiente. Retomaremos estos dos puntos más adelante.

Evitando interferencias

Según las encuestas, un 80 por ciento de la gente piensa que conduce mejor que la media. Pero eso no puede ser. A no ser que haya habido un error garrafal en la muestra, que no es el caso, y se haya preguntado solo a los mejores conductores, ese número revela en cuán alta consideración nos tenemos a nosotros mismos (por cierto, el mismo resultado se obtiene cuando se pregunta a la gente sobre sus habilidades amatorias). Bueno, yo no soy uno de esos, y me considero por debajo de la media; eso sí, solo en lo que a la conducción se refiere, claro. Conducir supone un reto para el sistema atencional: tenemos que mantener en nuestra mente el lugar adonde nos queremos dirigir, ignorar información irrelevante que nos pueda confundir, reaccionar rápidamente cuando haya un peligro en la calzada, etcétera. Si tiene dudas sobre ello, fíjese en la figura 7 y piense qué haría ante esa situación. Cuando el acto de conducir se vuelve más automático, nos da la impresión de que no estamos prestando atención a nada de lo dicho antes, pero sí lo hacemos... inconscientemente. Lo mismo sucede cuando los hablantes bilingües entablan una conversación. Como hemos visto en los capítulos 2 y 3, se ponen en juego una serie de mecanismos de control que

Figura 7: Ejemplo real de cómo encontramos información contradictoria continuamente. Esta contradicción tiene que ser resuelta por el sistema de control ejecutivo atencional.

permiten un habla fluida en la lengua deseada, evitando interferencias masivas de la otra lengua. A continuación veremos varios estudios que han evaluado el efecto que este control lingüístico puede ejercer no sobre la conducción, pero sí sobre procesos atencionales que están relacionados con ella.

Espero que el lector haya podido descubrir en los capítulos anteriores que si los psicólogos cognitivos son buenos en algo es en crear situaciones experimentales ingeniosas para abordar cuestiones complejas. Veamos el siguiente paradigma experimental que da como resultado el denominado efecto Simon, que lleva el nombre del científico que lo descubrió en la década de los sesenta. El experimento es sencillo: se muestran círculos de color rojo o verde en la pantalla de un ordenador, uno tras otro, y se pide al participante que cuando aparezca un círculo verde apriete una tecla con la mano derecha (la tecla M, por ejemplo), y cuando aparezca uno rojo apriete una tecla con la mano izquierda (la tecla Z). Eso es todo. Aburrido y fácil. ¿Dónde está el ingenio? En lo siguiente: los círculos pueden aparecer en el centro, a la derecha o a la izquierda de la pantalla. En principio, esta dimensión, es decir, dónde aparece el círculo, es irrelevante para la tarea del participante, que simplemente tiene que decidir con qué mano responder dependiendo del color del círculo. Sin embargo, cuando aquel tiene que pulsar la tecla con la mano derecha (círculo verde) y el círculo aparece en la parte izquierda de la pantalla, los tiempos de respuesta son más lentos que cuando ese mismo estímulo aparece en la derecha (y lo mismo sucede cuando el círculo rojo aparece en la parte derecha en comparación con cuando lo hace en la izquierda). Es como si el participante no pudiera ignorar el lado por donde aparece el círculo y, cuando ese lado no concuerda con la mano con la que debe pulsar la tecla, hubiera un conflicto que tiene que resolver y requiere más tiempo. Eso es el efecto Simon: la diferencia entre el tiempo que lleva dar la respuesta cuando el estímulo aparece en una posición incongruente y cuando aparece en una posición congruente. ¿No le ha sucedido nunca que alguien le dice que tiene que girar a la derecha, mientras con la mano le indica que gire a la izquierda? Ahí tiene un efecto Simon en la vida real.

Los estudios de Ellen Bialystok, de la Universidad de York, en Canadá, revelaron que los hablantes bilingües mostraban un efecto Simon más reducido que los hablantes monolingües. Es decir, el efecto del conflicto generado por las condiciones incongruentes era menor en los primeros. Además, en este estudio se observó que esa diferencia se daba en participantes de todas las edades a partir de los treinta años, pero que se magnificaba a partir de los sesenta. Por supuesto, se apreciaba el efecto de la edad, puesto que a partir de los sesenta años el efecto aumentaba, pero mucho más en los participantes monolingües. Estos resultados sugieren que la experiencia bilingüe afecta a la habilidad con la que los participantes focalizan su atención o son capaces de resolver el conflicto entre información relevante e irrelevante. De manera crucial, esto se observa en una tarea espacial que implica casi nada al sistema lingüístico, lo cual revela el efecto del bilingüismo sobre el sistema de control ejecutivo general; en otras palabras, sobre aquel que ponemos en funcionamiento cuando conducimos. Por cierto, este es otro de los experimentos que puede hacer con sus amigos en casa (cuando digo esto me acuerdo siempre del «hombre de negro» del programa de televisión *El hormiguero*). Pídales que levanten la mano derecha cuando usted les enseñe dos dedos, y la izquierda cuando les enseñe solo uno. Entonces empiece: un dedo con la mano izquierda, luego dos con la misma mano, etcétera, mezclando estímulos congruentes e incongruentes (asegúrese de que los brazos están bien abiertos cuando muestre los dedos). Pronto se dará cuenta de que sus amigos se confunden ante los estímulos incongruentes, en especial a los postres, cuando el vino de la cena ha producido cierto efecto; se echarán unas buenas risas, incluso si son bilingües.

Muchos otros estudios han arrojado resultados similares en lo que se refiere a la mejora en la resolución de conflictos en individuos bilingües, aunque también hay ciertas dudas, como veremos más adelante, sobre la replicabilidad de los resultados. Veamos otro ejemplo, que retomaremos en secciones posteriores: en un estudio que llevamos a cabo en 2008 en mi antiguo laboratorio la Universidad de Barcelona y que publicamos en la revista *Cognition*, nos propusimos comprobar si la experiencia bilingüe tiene efectos en la capacidad de resolver conflictos cuando los individuos están en el punto álgido de su capacidad atencional. ¿Qué significa eso del punto álgido? Una de las zonas cerebrales que madura más lentamente es la corteza prefrontal, que está implicada de manera muy directa con el control atencional. Esta área se desarrolla hasta la pubertad y llega a su funcionamiento óptimo en la veintena... y, malas noticias, empieza su declive, aunque despacio, durante la treintena. Tal vez por eso, entre otras cosas, los mejores años de los deportistas suelen ser de los veinticinco a los treinta, cuando son capaces de superar conflictos con la mayor velocidad. Nosotros nos propusimos ver si en jóvenes adultos de veinte a treinta años el bilingüismo tenía algún efecto positivo en su capacidad atencional. Para ello reclutamos doscientos participantes, cien de ellos bilingües catalán-castellano y cien monolingües del castellano de diferentes universidades españolas, y les pedimos que realizaran la llamada «actividad de los flancos». El experimento es fácil: se muestra al participante un estímulo del tipo →→→→→, y se le pide que diga hacia dónde apunta la flecha que está justo en el medio (a la que denominaremos «estímulo objetivo»), ignorando la presencia de las flechas que están a su lado (los «flancos distractores»). El truco está en que hay estímulos congruentes, como el que acabamos de ver, donde los flancos apuntan en la misma dirección que el estímulo objetivo, y otros donde apuntan en la otra dirección (←←→←←). Como en el efecto Simon, presentado más arriba, las respuestas son más rápidas y precisas ante los estímulos congruentes que ante los incongruentes.* Como se puede ver en el gráfico 5, los resultados del estudio mostraron que los individuos bilingües sufrían menos interferencia que los monolingües en todos los bloques del experimento, aunque el efecto era mayor en los dos primeros. Este fue el primer resultado publicado que mostraba un efecto positivo del bilingüismo en la resolución de conflictos en jóvenes adultos.

También se ha explorado hasta qué punto factores como la edad de adquisición de la segunda lengua, la competencia adquirida, el uso cotidiano de ambas, e incluso la frecuencia con la que se

---

* Puede hacer el experimento usted mismo visitando esta web: <http://cognitivefun.net/test/6>.

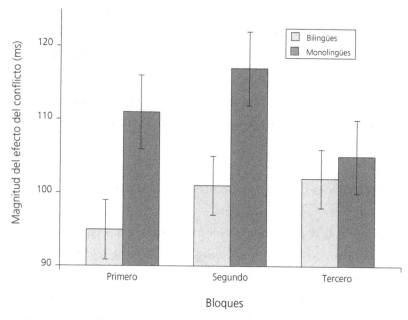

Gráfico 5: En el gráfico se presenta la magnitud de la interferencia que muestran hablantes bilingües y monolingües en la actividad de los flancos. Cuanto más grandes son las barras, mayor es el conflicto experimentado.

mantienen conversaciones bilingües, afectan a la presencia y magnitud del efecto positivo del bilingüismo en el control atencional. Con la información de la que disponemos en la actualidad parece que el factor más importante es la regularidad en el uso de las dos lenguas. Es decir, el efecto positivo del bilingüismo en la capacidad de resolver conflictos estaría ligado no tanto al grado de competencia con que se habla la segunda lengua, sino al hecho de tener que usarla a menudo. Este uso regular implicaría la activación de los procesos de control lingüístico del bilingüe, que a su vez ejercitaría los procesos del sistema de control ejecutivo. Por tanto, si quiere gozar de este efecto, no se preocupe tanto de cuán bien habla una segunda lengua, y sí de practicarla con frecuencia.

Estos son solo dos estudios de los muchos que han comparado

las habilidades de bilingües y monolingües a la hora de resolver conflictos o interferencias en tareas que no implican el lenguaje, o muy poco. Sin embargo, no todo es tan sencillo y, como veremos, en los últimos años varios investigadores han cuestionado tanto la replicabilidad de los resultados de estos experimentos como la existencia de las ventajas asociadas al bilingüismo.

MULTITAREA, O CUANDO SALTAMOS DE UN SITIO A OTRO

Vivimos en la era del *multitasking*, o multitarea. Escribimos un correo electrónico mientras estamos hablando por teléfono con un amigo, repasamos las facturas que nos van a llegar este mes mientras preparamos café, y contestamos los chats mientras cenamos. Muchas de estas actividades las hacemos en paralelo, esto es, a la vez, lo cual requiere que nuestro foco de atención vaya cambiando de una a otra. A esto lo denominamos «task-switching» o cambio de tarea, lo cual es difícil y costoso, y a veces puede llevarnos a cometer errores. De todas maneras, esta habilidad también se puede entrenar, aunque, como debe de imaginarse el lector, nuestra habilidad llega a su punto álgido en la veintena. A lo mejor será por eso que todavía sigo ganando a mi hijo de vez en cuando a los videojuegos; ha cumplido dieciséis años y me tengo que dar prisa, que la cosa se acaba.

Pues bien, esta capacidad atencional se ha relacionado con frecuencia con la habilidad para cambiar de lengua en los individuos bilingües. La idea sería de nuevo que la necesidad de cambiar o controlar la lengua según el interlocutor por parte de estos activa circuitos similares a los implicados en el cambio de tarea de carácter general y, por lo tanto, concede a las personas bilingües una cierta ventaja en este último. Recuerden, por ejemplo, aquella familia del capítulo 2 en la que sus miembros cambiaban de lengua continuamente, aunque, eso sí, no de forma aleatoria. Para resumir, podríamos decir que los bilingües son mejores en *multitasking*.

Esta hipótesis se ha puesto a prueba en varios estudios que han llevado a cabo actividades similares a la descrita en el capítulo 2. Hagamos memoria: los participantes tenían que decir el nombre de lo que se representaba en diversos dibujos en sus dos lenguas de acuerdo con el color del marco en que estos aparecían. Si era rojo lo hacían en la lengua A, y si era azul, en la lengua B. Podíamos alterar el orden de aparición de las marcas de un color de tal manera que los participantes podían usar una misma lengua durante algunos ensayos consecutivos (ensayos de repetición), o no (ensayos de cambio). La diferencia en la velocidad y precisión de las respuestas entre los ensayos de cambio y los de repetición es lo que hemos denominado coste de cambio de lengua. Pues bien, se puede utilizar este mismo diseño, o similar, para medir la capacidad de cambiar tareas en situaciones que no impliquen lenguaje.

En uno de los primeros estudios que abordó este tema se utilizó una adaptación para niños de esta actividad. Se mostraba a los participantes una serie de cartulinas redondas y cuadradas de colores azul y rojo, y se les pedía que las clasificaran de acuerdo con su color (las cartulinas azules a la derecha y las rojas a la izquierda). Una vez realizada esa tarea se mezclaban de nuevo, y ahora se les pedía que las clasificaran de acuerdo con su forma sin importar el color (círculos a la derecha y cuadrados a la izquierda). Es decir, se les pedía que cambiaran de actividad o, si se quiere, de criterio de clasificación (primero color, después forma). Un experimento bastante sencillo, puede pensar usted... Sí, claro, pero es que los participantes eran niños de entre cinco y seis años. Los que hablaban dos lenguas, en este caso el cantonés y el inglés, realizaron la tarea con mejores resultados que los niños monolingües del inglés. Mejores resultados, en este caso, significa que, mientras que no había diferencias entre los grupos en la primera tarea, lo cual muestra que la entendían a la perfección, sí que las había en la segunda. Es decir, cuando los niños tenían que cambiar el criterio de clasificación, o sea, la tarea, a veces se equivocaban mucho más los monolingües.

Estudios posteriores realizados por Anat Prior y Tamar Gollan en Estados Unidos mostraron que esta ventaja de los niños bilingües también se observa en jóvenes adultos, lo que sugiere que los efectos del bilingüismo en este dominio cognitivo están presentes a lo largo de las diversas fases del desarrollo. Además, en estos estudios se relacionó la ventaja de los bilingües con la frecuencia en que estos cambian entre lenguas.

En esta área de investigación, el resultado tal vez más sorprendente es el que observaron Agnes Kovacs y Jacques Mehler cuando exploraron las habilidades para cambiar de tarea de bebés monolingües y bilingües de siete meses de edad... Sí, ha leído bien, ¡se puede estudiar cómo cambian de tarea los bebés! Para ello los investigadores mostraban a los bebés dos recuadros en blanco en la pantalla del ordenador y, entre ellos, un dibujo atrayente que al poco tiempo era reemplazado por un triángulo. Tras un segundo en que no ocurría nada, aparecía otro dibujo para llamar la atención del bebé siempre en el recuadro de la izquierda de la pantalla. Esto se repetía durante nueve veces (dibujo atrayente-triángulo-segundo en que no pasa nada-dibujo para llamar la atención siempre en el mismo recuadro). Lo que interesaba aquí era saber adónde miraría el niño durante el tiempo (un segundo) que pasa entre la aparición del triángulo y la del dibujo que le llama la atención. Si el bebé fuera capaz de darse cuenta de que el triángulo precedía siempre a la aparición del dibujo atrayente, entonces tal vez mostraría la tendencia a anticipar la localización de este último. En efecto, después de varios ensayos los bebés eran capaces de anticipar la localización del estímulo, y esto lo sabemos porque durante ese segundo orientaban su mirada hacia el recuadro donde iba a aparecer. Es decir, miraban más hacia ese lado antes de que apareciera el dibujo, como diciendo: «Dirijo mis ojos porque ahí es donde saldrá dentro de un poquito ese dibujo que me gusta tanto». Y ahora viene el truco; sí, siempre hay un truco. Después de esos nueve ensayos, ahora en vez de un triángulo aparecía un círculo, y tras él otro dibujo atractivo pero en el recuadro opuesto, es decir, en el de la derecha. A estos ensayos, que se mostraron nueve veces, los denominamos ensayos de cambio, ya que la localización del estímulo ha variado de lado. Lo que se registraba aquí era lo mismo que antes, esto es, hacia dónde miraba el niño en el tiempo que transcurría entre la desaparición de la pista (en este caso el círculo) y la aparición del estímulo atractivo, es decir, cuando solo se mostraban los recuadros en blanco en la pantalla. ¿Serían capaces los bebés de reorientar su atención y anticipar la nueva posición del dibujo atrayente? En los primeros ensayos la mayoría de los bebés no fueron capaces; de hecho, y estrictamente hablando, en el primer ensayo todavía no podían saber que iba a producirse un cambio. Sin embargo, poco a poco los bebés fueron reorientando su atención y anticipando dónde aparecería el estímulo. Es como si dijeran: «Vale, lo he pillado, ahora el objeto que mola aparecerá a la derecha». *Voilà*, ¡pudieron cambiar de tarea, o al menos de criterio! Eso sí, a los siete meses, los bebés que sí consiguieron cambiar de tarea estaban creciendo en un ambiente bilingüe (en este caso, en su mayoría, eran bilingües esloveno-italiano). Los bebés monolingües del italiano perseveraban y continuaban mirando al recuadro de la izquierda, como si se hubieran quedado atascados en el primer criterio y no fueran todavía lo bastante flexibles para modificarlo. Este estudio es importante porque muestra el efecto del bilingüismo en la flexibilidad cognitiva de los bebés muy pequeños. El bilingüismo ayudaría a desarrollar un sistema atencional suficientemente flexible que: 1) permita inhibir la respuesta aprendida en los primeros ensayos, y 2) ayude a actualizar las predicciones del bebé de acuerdo con las nuevas demandas de la tarea. Pero, además, los resultados son importantes porque estos bebés todavía no hablan y, por tanto, los efectos positivos del bilingüismo para el sistema atencional no necesariamente, o solo, provienen del control lingüístico ejercitado durante la producción del habla. Tiene que haber algo más. Tal vez el ejercicio mental que están haciendo los bebés al intentar diferenciar los sonidos que salen de la boca de mamá y papá es lo que les está confiriendo esta flexibilidad mental.

¡Qué lástima que nunca nada sea sencillo!

He empezado este capítulo diciéndole que estaba escribiendo desde Nueva York, donde tenía que dar una charla en unas jornadas de trabajo en la CUNY (City University of New York). El título de las jornadas era «Bilingüismo y control ejecutivo: una aproximación interdisciplinaria». El ambiente ha sido tenso desde el punto de vista intelectual y me atrevería a decir que hasta personal, pero eso es otra historia. El meollo de la cuestión es que recientemente han surgido varios investigadores que han expresado sus dudas acerca de la fiabilidad de los estudios que muestran efectos positivos del bilingüismo en el desarrollo del sistema de control ejecutivo. Las dudas son de varios tipos y de diferente calado. Repasemos algunas de ellas, porque creo que es un buen ejercicio científico que no solo es aplicable a este tema sino a la ciencia en general, y a las ciencias sociales en particular. Una buena parte de esta sección tendrá que ver con cómo funciona a nivel práctico el negocio de la ciencia, así que si el lector no está demasiado interesado en ello puede saltarse los siguientes cuatro párrafos.

Existen dudas acerca de si se ha caído en un sesgo en este campo, que tendería a favorecer y expandir la opinión pública, en la publicación en revistas científicas de los resultados de aquellos estudios que arrojan diferencias entre bilingües y monolingües en comparación con aquellos que no. Este sesgo significa que no todos los estudios tienen la misma probabilidad de ser publicados en revistas científicas debido a tendencias editoriales y, por ende, no son conocidos entre los investigadores y la sociedad en general. Se quedan en el cajón del investigador o, en el mejor de los casos, son presentados en conferencias o congresos. Por supuesto, esto no es necesariamente malo, porque no todos los trabajos son igual de rigurosos en términos metodológicos. Por ejemplo, un estudio que comparara el rendimiento en tareas atencionales de bilingües y monolingües en el que las muestras no estuvieran equilibradas en, por ejemplo, la edad de los participantes, tendría pocas probabilidades de ser publicado, y por motivos más que razonables. Por tanto, es lógico y deseable que los editores y revisores de los artículos científicos tiendan a evaluar positivamente aquellos que presentan más garantías que aquellos que no, y son los primeros los que suelen ser publicados más a menudo que los segundos. Ese es el trabajo de revisores y editores, un trabajo engorroso, que toma mucho tiempo, que no está bien remunerado, que a veces crea enemistades, etcétera. Vamos, un chollo. Le hablo por experiencia, dado que he representado, y lo continúo haciendo, todos los papeles en esta obra: los de autor, revisor y editor. Sin embargo, a pesar de sus problemas, este sistema de funcionamiento que denominamos revisión por pares es el mejor que hemos encontrado hasta el momento para decidir qué estudios acaban siendo publicados y cuáles no.

Precisamente, uno de esos problemas es la existencia de sesgos de publicación que no se deben a la calidad experimental de los trabajos, sino a los resultados que estos obtienen. Así, se tiende a valorar más positivamente aquellos estudios que, con independencia de su calidad experimental, arrojan diferencias significativas entre las condiciones experimentales, esto es, se juzga el trabajo por el resultado observado y no solo por la rigurosidad científica. Por ejemplo, supongamos que un laboratorio ha desarrollado una medicina y quiere probar su efectividad, y supongamos también que realiza el experimento correctamente. El resultado puede ser positivo o negativo, es decir, la medicina funciona o no. Pues bien, la probabilidad de que su estudio salga publicado en una revista de prestigio aumenta en función de ese resultado, siendo más alta si este es positivo. Si el experimento no muestra diferencias entre el grupo al que se le ha administrado la medicina y el grupo de control, podríamos decir: «Bueno, esto no ha funcionado, mala suerte, tal vez no hemos controlado algo o hemos errado de alguna manera en las medidas, o *chi lo sa...*». Lo que sí parece es que creemos que no hemos aprendido nada. Por el contrario, si el resultado es positivo y el experimento está bien hecho, no solo aumentan las posibilidades de publicación sino también las de salir en los periódicos. Pero ¿de verdad no hemos aprendido nada de ese resultado negativo? Yo creo que sí y, aunque se tiene que actuar con cautela, no veo muy bien por qué las probabilidades de publicación de esos estudios deberían ser menores. Dar a conocer ese resultado negativo, como mínimo, podría ahorrar tiempo y dinero a otros investigadores que pueden plantearse en el futuro la misma hipótesis y realizar el mismo estudio. Si hubieran sabido que esa medicina ya estaba probada y no funcionaba, tal vez hubieran dedicado sus recursos a otra cosa. Eso, claro está, sucedería en un mundo ideal. En el mundo real continúa habiendo gente a la que la evidencia negativa no parece afectarles mucho y continúan realizando estudios sobre homeopatía o patrañas similares; pero eso es también otra historia.

Desafortunadamente, no tenemos una manera directa de saber si existe un sesgo de publicación ni cuál es su magnitud, pero sí hay maneras indirectas de tipo estadístico para detectarlo. No voy aquí a detenerme en explicar estas metodologías, pero si el lector está interesado en estas cuestiones y en cómo funciona el mundo de la ciencia en general les recomiendo un best seller divertido e informativo del médico y divulgador Ben Goldacre cuyo título lo dice todo: *Mala ciencia*. A veces, incluso, el problema no es el sesgo provocado por el gusto del editor o de los revisores, sino por los mismos autores, que relegan sus resultados al cajón de los experimentos fracasados.

No me cabe duda de que en el campo que nos ocupa, el de las ventajas atencionales asociadas al bilingüismo, existe un sesgo de publicación, y decir que en otros campos ocurre lo mismo no me consuela demasiado. Ya saben, mal de muchos, consuelo de tontos. Dicho esto, y para no llevarnos a confusión, el hecho de que exista un sesgo de publicación no necesariamente afecta a la existencia de un efecto del bilingüismo en el sistema atencional. No obstante hay esperanza, dado que tenemos maneras de reducir ese sesgo, como registrar los estudios antes de llevarlos a cabo. Es decir, introducir en una base de datos las propiedades metodológicas del experimento, incluyendo el diseño experimental y la población que se va a estudiar. Una condición para su posterior publicación es haberlo registrado antes de su realización, así los investigadores nos guardamos muy mucho de no seguir la regla del registro. Esta política se sigue ya en muchos estudios clínicos, aunque desafortunadamente no en todos (lean a Goldacre y se sorprenderán de cómo actúan a veces las empresas farmacéuticas). Si registramos los estudios, podemos saber cuántos de ellos finalmente son publicados y cuántos no, y así podemos hacer una estimación de aquellos que han sido enviados y finalmente no han sido aceptados, o de aquellos que se han quedado directamente en el cajón de los experimentos fracasados. Además, siempre podríamos contactar con los investigadores y pedirles que compartieran sus observaciones, fueran estas las que fueran. Espero que el lector no haya encontrado estos párrafos demasiado pesados. He querido incluirlos porque me parecen muy relevantes para entender algunos aspectos de cómo funciona la ciencia en general.

Volvamos ahora al bilingüismo y reencontrémonos con los lectores que se han saltado los párrafos anteriores. Algunos autores han sido muy contundentes con sus críticas y han cuestionado la fiabilidad y reproducibilidad de los resultados que muestran un efecto positivo del bilingüismo en el sistema atencional. La estrategia que han seguido ha sido la de intentar replicar los resultados de estudios ya publicados. Les presentaré dos ejemplos.

El primero es el experimento dirigido por mis colegas del BCBL de Donostia, en el que se evaluó el rendimiento de quinientos niños bilingües euskera-castellano o monolingües del castellano de entre ocho y once años. Los investigadores tuvieron la cautela de equilibrar a los dos grupos en varias variables que podrían afectar al rendimiento en las actividades por realizar, que eran dos del tipo Stroop, en las que hay que resolver conflictos generados por información irrelevante, similar a las del efecto Simon; y la actividad de los flancos, expuesta más arriba. En ninguna de ellas se observaron diferencias entre el rendimiento de los niños bilingües y el de los monolingües. Este resultado llevó a los autores a escribir un artículo cuyo título lo dice todo: «La ventaja de los niños bilingües en la inhibición: ¿mito o realidad?». Así están las cosas.

El segundo estudio lo realizó Mireia Hernández en mi laboratorio de la Universidad Pompeu Fabra. En este trabajo queríamos entender mejor los mecanismos responsables de la ventaja asociada al bilingüismo en el cambio de tarea que hemos visto en la sección anterior. Para ello, utilizamos varios procedimientos experimentales, pero todos ellos implicaban ese cambio. Incluso replicamos exactamente el mismo diseño experimental utilizado por otros autores que habían encontrado un mayor coste de cambio de tarea en monolingües. Aunque fuimos capaces de detectar ciertos efectos en los individuos bilingües, fracasamos en nuestro intento de replicar la reducción en el cambio de coste asociado al bilingüismo. Y no fue porque no nos esforzáramos, ya que evaluamos el rendimiento de casi 145 bilingües castellano-catalán y 145 monolingües del castellano. Cuando comparamos los resultados, la distribución de la magnitud del coste de cambio para ambos grupos fue virtualmente idéntica.

También han surgido dudas de carácter más teórico. El argumento aquí tiene que ver con el continuo uso del sistema atencional que hacemos, seamos o no bilingües. La idea es que, más allá de que hablemos dos lenguas o no, las personas estamos utilizando el sistema de control ejecutivo continuamente y que, por tanto, lo que pueda añadir el bilingüismo a su funcionamiento o desarrollo sería muy poco. Es como si llegáramos a un techo en nuestro uso de ese sistema y, por mucho que lo ejercitáramos, nuestro rendimiento no mejorase significativamente. Por decirlo de manera más llana: yo no puedo hacer mejor la tortilla de patatas, la hago tan bien que por mucho que me esfuerce no me puede quedar ya más sabrosa. De acuerdo con estos investigadores, este efecto techo daría cuenta de por qué la detección de los efectos del bilingüismo en el sistema atencional parece ser poco estable.

A mi modo de ver, la mayoría de estas críticas tienen cierta validez. La cuestión es qué hacemos ahora. ¿Con qué estudios nos quedamos? ¿Con aquellos que muestran un efecto del bilingüismo o con aquellos que no? A veces un mismo laboratorio encuentra efectos positivos en algunas actividades y no en otras. Esta es una cuestión empírica y no puede responder a gustos o a intereses sociales. Así que la pregunta real no es tanto con cuál nos quedamos, sino cómo desarrollamos un programa de investigación que permita identificar con fiabilidad los efectos del bilingüismo presentes en el sistema de control ejecutivo. Y, de hecho, cada vez se hacen más esfuerzos por ir entendiendo qué variables y contextos experimentales son los que pueden favorecer la detección de esa presencia. Seguro que avanzaremos en este tema, pero siento defraudar al lector, pues no seré yo quien dé las recomendaciones aquí sobre cómo proceder. Solo diré que tal vez ayudaría a esclarecer el asunto dejar de hablar de las ventajas que colateralmente ofrece el bilingüismo e intentar describir cómo este factor modifica ciertos procesos cognitivos y sus correspondientes circuitos cerebrales, sin importar si esto resulta en una ventaja a nivel conductual.

Esculpir el cerebro

En las secciones anteriores hemos repasado la cuestión acerca de si el bilingüismo afecta de forma positiva en términos conductuales al desarrollo atencional del individuo. Hemos visto que la situación es compleja, y que todavía necesitamos más estudios que nos permitan asegurar fehacientemente que el uso de dos lenguas confiere una cierta ventaja. Esto no quiere decir, sin embargo, que la experiencia bilingüe no tenga efectos en las estructuras cerebrales implicadas, más allá de que esto resulte una ventaja a nivel conductual. La cuestión, entonces, es hasta qué punto el bilingüismo esculpe el cerebro, y más en concreto aquellas áreas implicadas en el control atencional. Es decir, cómo una actividad cotidiana, como puede ser el uso de dos lenguas, afecta a la estructura y función de algunos circuitos cerebrales. ¿Recuerda el lector las consecuencias de conducir un taxi en Londres en el desarrollo de ciertas partes del hipocampo? El argumento subyacente aquí es el mismo.

Con este objetivo en mente, participamos en una investigación liderada por Jubin Abutalebi en el hospital San Raffaele de Milán, el mismo donde casi veinte años atrás realizamos el estudio sobre si la edad de adquisición afectaba a la representación cerebral de las dos lenguas en un bilingüe. Las colaboraciones satisfactorias tienden a dilatarse en el tiempo, sobre todo si vienen acompañadas de una amistad. En este caso, queríamos evaluar el solapamiento cerebral en la realización de una tarea de control lingüístico y en una de control atencional que no implicara lenguaje. La idea era que este solapamiento nos daría información acerca de qué áreas cerebrales estaban implicadas en las dos tareas. Para ello, pedimos a bilingües alemán-italiano y a monolingües del italiano que realizaran dos actividades diferentes. Los bilingües provenían de la región italiana del sur del Tirol, en la que por motivos históricos el alemán y el italiano son lenguas cooficiales y conviven de un modo más o menos razonable. Si no ha estado nunca por esa zona, se la recomiendo, es cautivadora, y además su historia lingüística es de lo más interesante desde el punto de vista político.

Volvamos al experimento. Una de las actividades nos informaría acerca del control lingüístico; se trataba (espero que a estas alturas el lector acierte) de la tarea de cambio de lengua que hemos recordado un poco más arriba: ya sabe, si un dibujo aparece con un marco rojo diga lo que representa en la lengua A, y si aparece con un marco azul, en la lengua B. Pero ¿cómo podíamos hacer para medir el control lingüístico en monolingües? Ellos, en efecto, no podían cambiar de lengua por motivos obvios. A ellos les pedimos un cambio de categoría gramatical: si un dibujo aparecía con marco rojo debían decir el objeto que representaba (escoba), y si aparecía con marco azul la acción que se realiza con ese objeto (barrer).

La otra actividad que no implicaba leguaje y a la que fueron sometidos los participantes fue la de los flancos, explicada también más arriba (estímulo congruente: →→→→→; estímulo incongruente: ←←→←←). Por un lado, medimos la actividad cerebral que provocaba un cambio de lengua y un cambio de categoría gramatical y, por otro, la que provocaba el conflicto no lingüístico. Dicho de otro modo, comparamos la actividad cerebral entre: 1) estímulos de cambio y estímulos de no cambio, y 2) estímulos incongruentes y estímulos congruentes. Después de ello, analizamos qué áreas cerebrales eran comunes a ambos de estos contrastes, es decir, qué áreas estaban implicadas en el cambio de lengua y también en el efecto de congruencia.

Una de las zonas que encontramos y que, de hecho, esperábamos encontrar, era la corteza cingulada anterior, que estudios anteriores habían relacionado con el control cognitivo y la resolución de conflictos. Íbamos por buen camino. Esta área respondía con mayor intensidad cuando se incrementaba el control cognitivo en las dos actividades. Pero, además, la activación que el conflicto no lingüístico (la actividad de las flechas) provocaba en esta área era menor para los bilingües que para los monolingües. A pesar de que los primeros sufrían un conflicto un poco menor que los segundos a nivel conductual, la energía cerebral necesaria para que aquellos resolvieran la tarea era menor (imagen 3, véase en las láminas centrales).

Pero mis compañeros y yo no nos quedamos solo con la información acerca de la arquitectura funcional, y dimos un paso más analizando la anatomía de esta área, la corteza cingulada anterior. Observamos que la densidad de la sustancia gris era mayor en los cerebros de los bilingües que en los de los monolingües. Estos resultados indicarían que el uso continuo de dos lenguas tiene efectos en estructuras cerebrales implicadas en el control ejecutivo de carácter general, es decir, en un sistema atencional que no está ligado a un dominio cognitivo único, ya sea este el lingüístico o no lingüístico.

En otros estudios se ha observado que en paradigmas de cambio de tarea que no implican lenguaje (o muy poco), los hablantes bilingües parecían activar una red cerebral más distribuida que los hablantes monolingües, incluyendo áreas relacionadas con el control lingüístico, como el giro frontal inferior del hemisferio izquierdo.

Además, los efectos del bilingüismo en la red atencional no se limitan al funcionamiento y estructura de la sustancia gris, sino también a la integridad o vigor de la sustancia blanca (imagen 4, véase en las láminas centrales). Como hemos visto en el anterior capítulo, la sustancia blanca es aquella que conecta las neuronas entre ellas, así como las diferentes zonas cerebrales. Recuerde, son los cables que transmiten la información. Con la edad estos cables se van deteriorando y la integridad de la sustancia blanca (de la mielina en concreto) va disminuyendo. Es como si el cable que conecta su aparato de radio a los altavoces se fuera pelando y creara un ruido como de chasquidos. En consecuencia, decrece la eficiencia con la que la información circula entre diferentes áreas cerebrales, y esto afecta al rendimiento cognitivo del individuo, es decir, a lo bien que suenan los altavoces. Y, de hecho, el funcionamiento del sistema atencional es uno de los que más se ven afectados por la disminución de la integridad de la sustancia blanca.

Pues bien, en uno de los estudios más interesantes sobre este tema, Gigi Luk y sus colaboradores compararon la integridad de la sustancia blanca de bilingües y monolingües de setenta años de edad de media. En este tipo de análisis no se mide la activad funcional, es decir, cuánto trabaja un área específica cuando el sujeto realiza una determinada tarea, sino la estructura cerebral y, por tanto, no es necesario que los participantes lleven a cabo ninguna actividad en concreto mientras sus cerebros son escaneados. Están en una situación que denominamos de reposo. Los resultados fueron de lo más interesante. Los bilingües mantenían una mayor integridad de la sustancia blanca en el cuerpo calloso, que corresponde a los grupos de fibras nerviosas que conectan los dos hemisferios cerebrales. Esto no significa que fuera igual que la de los chavales de veinte años, pero sí que era mayor que la de los monolingües de edades similares. Además, los autores también midieron, mediante otros análisis más complejos, hasta qué punto dos áreas estaban conectadas funcionalmente. Esto significa que, por decirlo así, las dos áreas «se hablaban». Los resultados eran congruentes con estudios anteriores en lo que se refiere a que mostraban una conectividad más distribuida en ciertos circuitos en bilingües que en los monolingües. Todo esto está muy bien, pero ¿qué significa? Los autores sugieren que la experiencia bilingüe resulta en una potenciación de la conectividad de la sustancia blanca, y que eso es lo que podría estar detrás del mayor rendimiento de los individuos bilingües en tareas atencionales. Una hipótesis interesante. Lástima que en este estudio no se obtuvieron datos del rendimiento de los participantes en esta clase de actividades y, por tanto, en este caso no sabemos si una mayor integridad de la sustancia blanca se hubiera traducido en un mejor rendimiento.

Estos resultados, entre varios otros, indican cuán flexible puede llegar a ser nuestro cerebro, y cómo la actividad de aprender y usar dos lenguas durante la vida tiene efectos tangibles en su organización y desarrollo. Es interesante porque estos efectos no se limitan a aquellas partes del cerebro que tradicionalmente se han relacionado con el procesamiento del lenguaje, sino que parecen extenderse también a otras que tienen que ver con el control atencional.

Aunque aún tenemos que aprender más sobre las consecuencias en el rendimiento cognitivo de estos cambios relacionados con el bilingüismo, estas observaciones abren una hipótesis interesante: ¿podría la experiencia bilingüe afectar al declive cognitivo del individuo durante la vejez? Y, si es así, ¿qué sucedería cuando este declive viene acompañado de una enfermedad neurodegenerativa? La siguiente sección está dedicada a estas dos preguntas.

Y AHORA, LA BOMBA: DECLIVE COGNITIVO Y BILINGÜISMO

Ver actuar a Pepe Rubianes en el teatro o en la televisión me divertía mucho, y lo continúa haciendo. A pesar de sus habituales salidas de tono, sus historias eran fascinantes, la manera de explicarlas, realmente original, y, por muy exageradas que fueran, yo continúo dudando de si son de verdad o inventadas. Todavía recuerdo cuando veía sus primeras obras con mis padres, y ahora las veo yo con mi hijo, así que va camino de ser un cómico atemporal, al que mucha gente añora tanto. En una de sus historias, Rubianes se ríe de aquellas personas que van haciendo esfuerzos durante toda su vida para tener un plan de pensiones. Se mofaba diciendo que así, cuando tuvieran ochenta años, podrían vivir la vida loca, salir por la noche, ir de discotecas, a los mejores restaurantes, viajar, etcétera. Cito a Rubianes: «Tenemos una cosa a la que llamamos plan de pensiones para la vejez, o sea, tú ese dinerito lo vas poniendo en una cuenta y vas acumulando ahí, y al llegar a los ochenta, pues a disfrutar como loco [...] me voy a poner... no morado, azul marino». En el fondo, se estaba riendo de casi todos nosotros. Con independencia de que podamos ahorrar o de que lo consigamos, a muchos nos preocupa cuál será nuestra situación económica en la vejez, e intentamos reservar algo de lo que tenemos ahora para después. La cuestión que nos atañe aquí es: ¿podemos hacer algo con nuestra capacidad cognitiva para reservar un poquito de ella para la vejez? Dicho de otro modo: ¿hay algo a lo largo de la vida que nos proteja, aunque solo sea un poco, de los efectos cognitivos del deterioro cerebral asociado con la edad? Tal vez Rubianes también se mofaría de estas preguntas, diría algo como «Nene, pero de qué te va a servir eso, ¡disfruta de la vida ahora, hombre!».

Más allá de lo que pensara Rubianes, parece que sí que hay maneras de fomentar un cierto ahorro cognitivo. Veamos cómo. Igual que la mayoría de nuestros órganos el cerebro cambia con la edad, y a medida que nos aproximamos a la vejez estos cambios tienen efectos cada vez más claros en nuestras capacidades. Nuestro cerebro no solo se vuelve menos plástico, y tal vez por ello nos cueste aprender cosas nuevas cuanto más mayores nos hacemos, sino que además algunas de sus áreas se vuelven más pequeñas o se encojen, así que con el paso del tiempo el cerebro va perdiendo volumen. Y este empequeñecimiento afecta tanto a la sustancia gris como a la blanca. Por supuesto, no todas las partes se ven afectadas en igual medida, pero en general las consecuencias de la edad se hacen notar en muchas de ellas. El envejecimiento va acompañado de un declive cognitivo que afecta negativamente a muchos procesos cognitivos básicos, como la atención, el lenguaje, la memoria, etcétera. Vamos, un pronóstico no muy alentador... Pero ya se sabe, es mucho mejor eso que su alternativa, no cumplir años; no nos queda otra.

Aunque el declive cognitivo asociado con la edad es inevitable, parece que hay factores que pueden afectar a su progresión y severidad. Por decirlo de alguna manera, hay gente que envejece mejor, cognitivamente hablando, que otra. Así, ciertos hábitos de ejercicio físico y alimentación parecen afectar de forma positiva. Además, otros factores de tipo social o cognitivo también parecen tener como consecuencia lo que denominamos la «reserva cognitiva». De hecho, se estima que alrededor del 30 por ciento de las personas cuyo cerebro, tras la autopsia, muestra signos de sufrir la enfermedad de Alzheimer, no habían mostrado un deterioro mental acorde con el daño observado. ¿Por qué? Por la reserva cognitiva.

La reserva cognitiva es un concepto fácil de entender. Imagínese dos personas mayores con el mismo deterioro cerebral en términos simplemente biológicos (misma reducción del volumen de la sustancia blanca y gris en las mismas áreas cerebrales). Si el declive cognitivo viniera solo determinado por ese deterioro, entonces las dos personas deberían tener los mismos problemas. Pues resulta que no o, al menos, no necesariamente, y que el mismo grado de atrofia cerebral puede que en una persona provoque déficits cognitivos y en otra no o, mejor dicho, todavía no. Esto indicaría que la segunda tiene una mayor reserva cognitiva que la primera. El concepto de reserva cognitiva ha traído cierta polémica pero, gracias a los estudios epidemiológicos de hace aproximadamente una década, en la actualidad está aceptado, aunque no sepamos del todo cómo funciona. Lo que sí podemos afirmar es que el nivel de educación o llevar una vida social e intelectual rica y estimulante parecen ser beneficiosos para mantener la reserva cognitiva. Aunque tal vez no le estoy diciendo nada que usted no supiera ya.

Antes de continuar, déjeme aclarar una cosa. Tener más o menos reserva cognitiva no significa que nuestro cerebro no se deteriorará como consecuencia de hacernos mayores. Tampoco implica que nos proteja de desarrollar enfermedades como el alzhéimer u otros tipos de patologías neurodegenerativas. Lo que supone simplemente es que las consecuencias cognitivas de un deterioro cerebral, ya sea normal o patológico, pueden resultar menos dañinas a nivel conductual. Por supuesto, esas consecuencias dependerán también del grado de afectación cerebral. Y, de hecho, como podemos observar en el gráfico 6, la reserva cognitiva tiene un lado oscuro también. Aunque cuanto mayor es la reserva cognitiva más tarde aparecen los síntomas de una enfermedad neurodegenerativa, cuando por fin estos se manifiestan el declive cognitivo es más rápido y marcado. Por decirlo de manera más llana: cuando empiezas a darte cuenta de que estás perdiendo facultades, la progresión de esa pérdida es más rápida. Esto sucede porque cuando la neuropatología cerebral es relativamente leve los síntomas pueden ser compensados por la reserva cognitiva, pero llega un momento en que la atrofia es demasiado grande y aquella ya no puede ayudar más.

Pero volvamos al bilingüismo. En las secciones anteriores de este capítulo hemos visto que algunos estudios sugieren que la experiencia bilingüe favorece el desarrollo del funcionamiento del sistema atencional. Hemos analizado, también, cómo ese efecto está presente en hablantes adultos mayores de setenta años. De hecho, parecería que a esas edades la condición de bilingüe podría tener la mayor influencia en el rendimiento atencional de las personas (recuerden los resultados del efecto Simon). También hemos descrito un estudio que sugiere una mayor integridad de la sustancia blanca en la vejez en hablantes bilingües que en otros monolingües. Todo esto podría ser una indicación de que, tal vez, el bilingüismo podría actuar de forma positiva en la reserva cognitiva. Veamos lo que sabemos de ello.

El primer estudio que abordó el efecto del bilingüismo en la reserva cognitiva fue realizado en un hospital de Toronto, Canadá.

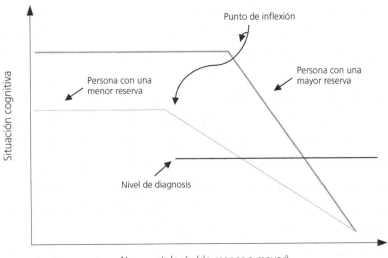

Gráfico 6: Representación del declive cognitivo asociado a la neuropatología del alzhéimer. La línea gruesa representa una persona con una alta reserva cognitiva y la fina una con baja reserva cognitiva. Como se puede observar, con niveles moderados de neuropatología, la capacidad cognitiva de la persona con menor reserva empezará a disminuir antes, y por tanto llegará a niveles de demencia también antes.

El experimento era sencillo. Los autores examinaron los informes clínicos de 184 pacientes. Todos ellos habían sido evaluados clínicamente y cumplían los criterios que indicaban la presencia probable de una enfermedad neurodegenerativa (alzhéimer u otro tipo de demencias). Además, la mitad de los pacientes eran bilingües y la otra mitad, monolingües. Estos dos grupos estaban igualados en años de educación, en rendimiento cognitivo (medido a través un test neuropsicológico estandarizado) y en situación ocupacional. Se recogieron dos datos críticos de estos pacientes: primero, la edad que tenían cuando visitaron por primera vez al neurólogo; segundo, la edad en la que se manifestaron los primeros signos de deterioro cognitivo. Este dato fue recogido durante la primera visita al neurólogo, cuando este pregunta al paciente y a

sus familiares cuánto tiempo hace que han notado una sintoma-
tología anormal. Los resultados fueron sorprendentes y espectaculares. Los pacientes bilingües habían acudido a la consulta del
neurólogo por primera vez tres años más tarde que los pacientes
monolingües. Y este hecho no era debido a cierta resistencia en
visitar a un médico *per se*, no. En realidad, los monolingües aseguraban haber notado los síntomas a una edad más temprana (setenta y un años) que los bilingües (setenta y cinco años). Estos datos
sugieren que el bilingüismo ayuda al desarrollo de la reserva cognitiva, que a su vez reduce los efectos negativos del deterioro cerebral. Y las consecuencias del efecto, en este caso, no son pequeñas. La diferencia es de... ¡cuatro años! Se puede imaginar el lector
que estos resultados fueron rápidamente recogidos por los medios
de comunicación y publicitados a bombo y platillo. Fue una
bomba informativa. Volveremos a estos estudios de cohortes más
adelante.

El fenómeno de la reserva cognitiva puede evaluarse de otras
maneras. Una de ellas es la de analizar el grado de neuropatología
a igualdad de deterioro cognitivo. Si dos pacientes (A y B) muestran el mismo rendimiento cognitivo, y suponemos que uno (A)
tiene una mayor reserva cognitiva que el otro (B), entonces podríamos predecir que el paciente A debería tener un mayor grado
de neuropatología que el paciente B. Y a pesar de que el daño cerebral sería mayor en el paciente A, esto no conllevaría un rendimiento peor porque posee una mayor reserva cognitiva. Es como
si predijéramos que Messi continuará jugando bastante bien a pesar de que se vaya haciendo mayor, aunque sus piernas ya no sean
tan fuertes; tiene tanta reserva futbolística que nos durará muchos
años, o eso espero. Esta fue la estrategia seguida en un estudio que
evaluó la atrofia cerebral de cuarenta pacientes diagnosticados con
alzhéimer. La mitad eran bilingües y la otra mitad monolingües. Lo

que era importante es que, además de ser parejos en otras variables, como la edad, el nivel educativo, etcétera, ambos grupos eran iguales en su rendimiento cognitivo medido a través de pruebas estándar utilizadas a menudo en consultas neurológicas y neuropsicológicas. ¿Qué resultado se obtuvo cuando se midió la atrofia cerebral de estos dos grupos? Pues bien, resulta que los hablantes bilingües mostraban una mayor atrofia que los monolingües. Esa atrofia no estaba presente en todas las zonas cerebrales, pero sí en aquellas en las que su grado se utiliza generalmente para distinguir pacientes con la enfermedad de Alzheimer y pacientes sin ella. Así, aunque los individuos bilingües mostraban una mayor neuropatología que los monolingües, el deterioro cognitivo era similar en ambos grupos, gracias, supuestamente, a la mayor reserva cognitiva de aquellos.

Pero ¿es realmente el bilingüismo el factor que subyace detrás de estas diferencias entre los dos grupos? ¿No podríamos atribuir esa diferencia a otras variables que tal vez estén relacionadas con el hecho de ser bilingüe? Los estudios que acabamos de analizar se realizaron en una de las ciudades más multilingües del mundo, Toronto, Canadá, y, por tanto, parece en principio un buen lugar para llevar a cabo este tipo de trabajos. Sin embargo, esta oportunidad acarrea también un coste asociado. Un gran número de las personas bilingües de esta área tienen detrás una historia de emigración. De hecho, según las Naciones Unidas, Toronto ocupa el segundo puesto en el mundo con mayor porcentaje de población extranjera. Por tanto, muchas de estas personas es probable que o bien sean emigrantes o bien desciendan de emigrantes. Esto es importante, porque uno podría pensar que la diferencia entre los bilingües y los monolingües podría deberse a las diferencias étnicas y de hábitos de vida (dieta, por ejemplo) entre ambos grupos, y no necesariamente a su estatus lingüístico. Además, y para complicar todavía más las cosas, algunos estudios han demostrado el mejor rendimiento cognitivo de los niños emigrantes al compararlo con el de los no emigrantes. ¿Qué hacemos, entonces? ¿Cómo podemos saber qué factor está potenciando la reserva cognitiva?

Una posibilidad es llevar a cabo estudios similares, pero en los que ambos grupos de hablantes no tengan una historia ligada a la emigración. Uno de los lugares donde encontramos esta situación es la ciudad de Hyderabad, en el sur de la India, donde varias lenguas conviven desde hace bastantes siglos, y donde alrededor del 60 por ciento de la población es capaz de hablar, al menos, dos de ellas. En 2013 unos investigadores del Institute of Medical Sciences de Hyderabad examinaron los expedientes clínicos de 648 pacientes diagnosticados con demencia, 391 de los cuales eran bilingües. Los resultados fueron sorprendentemente similares a los del estudio de Toronto. El bilingüismo retrasaba el inicio de los síntomas de la demencia en cuatro años. Pero, además, en este estudio también se pudo controlar el efecto potencial del nivel educativo, ya que en esta región hay muchas personas que son analfabetas y nunca han ido a la escuela. De hecho, en esta submuestra de analfabetos, el efecto del bilingüismo fue todavía mayor, retrasando los síntomas de la demencia en seis años.

Todo esto está muy bien y es muy prometedor, pero espero que el lector haya caído en la cuenta de que estos estudios podrían tener el mismo problema que hemos visto en el capítulo anterior, cuando comparábamos el impacto del bilingüismo en ciertas estructuras cerebrales. Sí, el problema del huevo y la gallina. ¿Y si resulta que no es el bilingüismo lo que provoca tener una mayor reserva cognitiva, sino al revés? Es decir, es posible que aquellas personas que son más brillantes desde el punto de vista cognitivo no solo estén más preparadas para aprender dos (o más) lenguas, sino que además muestren una mayor reserva cognitiva cuando son mayores. Si eso fuera así, la historia que contaríamos sería muy diferente. «Some guys have all the luck», como cantaba Rod Stewart, algunos chicos se llevan toda la suerte.

¿Cómo se puede deshacer este entuerto? Lo ideal sería saber las capacidades cognitivas de cada persona antes de que empiece a aprender una segunda lengua. Así tendríamos una línea base que nos permitiría establecer un punto de referencia de la capacidad cognitiva de los monolingües y de aquellos que llegarán a ser bilingües. Sabiendo eso, podríamos entonces comparar su deterioro y atribuir las variaciones al aprendizaje de esa lengua y no a diferencias preexistentes entre los grupos. Si empezáramos ese estudio de cero tal vez tardaríamos alrededor de setenta años en contestar la pregunta, ya que deberíamos esperar a que las personas analizadas mostraran síntomas de demencia. Me da la impresión de que no hay muchos científicos dispuestos a llevar a cabo tal estudio. Pero a veces, solo a veces, la suerte nos sonríe.

Mire qué estudio tan curioso se llevó a cabo en Escocia. Resulta que en junio de 1947 se evaluó la capacidad intelectual de todos los niños escoceses nacidos en 1936, es decir, cuando tenían once años. Sí, han leído bien, se evaluó la inteligencia de «todos» (o casi todos) los niños de once años nacidos en Escocia (unos setenta mil). Esta multitud de participantes lleva el nombre de Lothian Birth Cohort o LBC, y todavía en la actualidad se continúa evaluando la capacidad cognitiva de estas personas, que ya son octogenarias. Bien; parece, pues, que tenemos una línea base. Además, como cabría esperar por las características sociológicas de Escocia, la mayoría de estos niños eran monolingües. Pero, además, como se volvió a evaluar el rendimiento cognitivo de estas personas cuando tenían setenta y tres años, también disponemos de algo con lo que comparar la línea base. Así, tenemos resultados de dos puntos diferentes del desarrollo, a los once y a los setenta y tres años. La cuestión entonces es cómo se relacionan estos dos resultados y cómo las actividades realizadas durante la vida afectan a tal relación.

El primer hecho que se observó era bastante esperable: las puntuaciones que obtuvieron en las pruebas los participantes cuando tenían once años predicen bastante bien su rendimiento cognitivo a los setenta y tres, lo que sugiere que la inteligencia es un rasgo bastante estable. Por decirlo de manera más llana: si un niño es bastante más alto que la media cuando tiene once años, es probable que continúe siéndolo cuando tenga setenta.

Lo que es más interesante para nosotros es que algunas personas rendían a los setenta años mejor de lo que hubiera sido esperable dados sus resultados en la niñez. Es decir, su declive cognitivo a los setenta era menor de lo que harían pensar sus pruebas a los once años. Estas personas habían hecho algo durante sus vidas que había reducido el impacto (esperable) de los años en su rendimiento cognitivo. Pues bien, resulta que aquellas personas que habían aprendido una lengua después de los once años (262 de los 853 participantes; los que ya sabían dos lenguas antes fueron excluidos de la muestra) mostraban un mejor rendimiento cognitivo de lo esperable. Desde mi punto de vista, hasta el momento esta es la evidencia más convincente que sugiere que el bilingüismo puede comportar el desarrollo de una mayor reserva cognitiva. Si el lector conoce alguna base de datos similar en España, que me avise.

Crea que me gustaría acabar esta sección aquí, y concluir que el bilingüismo ayuda al desarrollo de la reserva cognitiva y que amortigua las consecuencias de un daño cerebral, por lo menos durante unos años. No es que quiera competir con los monolingües, pero es que la mayoría de la gente que conozco es bilingüe y, por tanto, me gustaría que fuera verdad que mis allegados tienen una buena reserva cognitiva. Pero, como sucede a menudo, la cosa no está tan clara. Estos resultados llamaron tanto la atención que numerosos laboratorios y hospitales se pusieron manos a la obra y empezaron a fijarse en los historiales médicos de diferentes grupos de pacientes para ver si en sus filas se podía detectar el efecto del bilingüismo en la reserva cognitiva. Los resultados son un poco contradictorios y, de alguna manera, han echado agua al vino. Hay estudios en los que sí se encuentra ese efecto del bilingüismo y otros en los que no, y lo peor es que todavía no sabemos qué variables pueden estar afectando a su detección. Pongamos algunos ejemplos.

En uno de los estudios más amplios hasta la fecha se evaluó el declive cognitivo de 1.067 personas de origen hispano que vivían en el norte de Manhattan. La muestra incluía personas bilingües español-inglés, aunque su conocimiento y uso de las dos lenguas variaba, y también personas monolingües del español. El rendimiento cognitivo de estos sujetos había sido evaluado durante veintitrés años desde los años noventa del siglo pasado. Cada dos años aproximadamente se les sometía a pruebas cognitivas para ir observando el deterioro asociado con la edad. Este estudio permitía, por tanto, apreciar cómo el bilingüismo afectaba al desarrollo de una persona a través del tiempo. La primera conclusión a la que se llegó es que los mayores niveles de bilingüismo estaban asociados a un mejor rendimiento cognitivo al principio del estudio, esto es, veintitrés años antes. Pero esto no significa demasiado (recuerden, el huevo y la gallina). Sin embargo, el declive cognitivo no dependía del nivel de bilingüismo. Es decir, el bilingüismo no parecía proporcionar una mejor reserva cognitiva. Otro resultado interesante tiene que ver con la probabilidad de desarrollar demencia. En este caso, los resultados también fueron negativos, y aquellas personas que eran bilingües no tenían menores probabilidades de desarrollar esa clase de enfermedades neurodegenerativas.

Otros trabajos han mostrado patrones más complejos. Por ejemplo, en un estudio realizado en Montreal, se observó también que el bilingüismo no retrasaba los síntomas asociados con la demencia. Sin embargo, ese retraso sí estaba presente en aquellas personas que sabían más de dos lenguas. Además, en algunas muestras de personas mayores se ha observado que el bilingüismo parece promover el desarrollo de una mayor reserva cognitiva, pero solo en aquellas personas con un nivel socioeconómico relativamente bajo.

Esta es la situación que tenemos en la actualidad. Tal vez el lector se pregunte qué es lo que tiene que creer. ¿Protege o no el bilingüismo el deterioro cognitivo de las personas? Lo siento, no le voy a poder dar una respuesta final a esta cuestión. Le puedo dar mi opinión, eso sí. Desde mi punto de vista, hay suficiente evidencia experimental que sugiere que sí existe un efecto del bilingüismo en el deterioro cognitivo de las personas. Sin embargo, estamos lejos de entender todavía qué condiciones son las que facilitan que este efecto sea más intenso y detectable. Además, es muy posible que el bilingüismo interactúe con muchas otras variables, como el nivel socioeconómico y educativo. Con esto quiero decir que es posible que el bilingüismo no tenga efectos sustanciales en todo tipo de personas y, tal vez por ello, sea a menudo tan difícil detectar tales efectos. Como decía la canción: «La vida es así, no la he inventado yo». Pero no tiremos la toalla, pues ya saben que la paciencia es la madre de la ciencia, y esperemos que pronto descubramos el verdadero efecto del bilingüismo en la reserva cognitiva. Por cierto, Rubianes era multilingüe. Lástima que no pudo gozar de la reserva cognitiva que eso le hubiera proporcionado, aunque tal vez él no la hubiera necesitado.

En este capítulo hemos repasado uno de los temas más controvertidos acerca de cómo la experiencia bilingüe afecta al desarrollo de nuestro sistema cognitivo. Hemos dejado el lenguaje un poco de lado y nos hemos centrado en entender cómo el bilingüismo puede estar afectando al desarrollo del sistema de control ejecutivo y a las estructuras cerebrales que lo sustentan. Como el lector habrá apreciado, este tema es complejo y repleto de estudios que arrojan resultados un tanto contradictorios. En buena parte esto es así porque todavía sabemos relativamente poco de cómo funciona el sistema atencional, lo cual, añadido a la complejidad del estudio del bilingüismo, hace que los experimentos sean difícilmente comparables. Estoy seguro de que avanzaremos rápidamente en esta cuestión, porque esta sí que es una de aquellas que tiene implicaciones educativas, sociales y clínicas importantes. Para ello tendremos que separar el grano de la paja, o si se quiere, detectar la señal de entre el ruido. De momento, yo ya he regresado de Manhattan, y puedo volver a relajar mi sistema atencional en Barcelona. Añoraré el trajín de esa ciudad, los perritos calientes y los pasteles de queso, así que lo tendré que compensar con un plato de buen jamón.

5

Decisiones bilingües

(o «sobre la inconsistencia humana»)

A veces a uno le parece que los premios se dan al tuntún. A mí esto me sucede con bastante frecuencia cuando se acercan los Óscar, por ejemplo. No entiendo los criterios utilizados para la nominación y, en muchas ocasiones, tampoco el resultado de los galardones, en especial cuando los presenta Warren Beatty... Pero eso me preocupa bastante poco, pues solo tiene que ver con el *show business* hollywoodiense. Ya se apañarán. Me irrita bastante más cuando no entiendo los Premios Nobel y, en especial, los Nobel de la Paz. ¿Cómo puede haber tantas disparidades entre los hechos por los que se otorga un Premio Nobel de la Paz a dos personas diferentes? Eso lleva a situaciones paradójicas como que se otorgue tal premio a, por ejemplo, Henry Kissinger y a Nelson Mandela. Incomprensible. La carrera política y humana de estas dos personas no es que sea diferente, sino que es diametralmente opuesta. Mientras que todavía hoy a Kissinger, de noventa y tres años, se le acusa de numerosas violaciones de los derechos humanos en incontables zonas del planeta, a Mandela se le reverencia como el adalid de la lucha antirracista en Sudáfrica. A Kissinger lo persigue Baltasar Garzón, y a Mandela lo admira todo el mundo. Y los dos poseen el Nobel de la Paz. No lo entiendo. Pero dejemos a Kissinger y quedémonos con Mandela (si quieren saber más del talante político del primero, no se pierdan el libro de Christopher Hitchens *Juicio a Kissinger*).

Nelson Mandela pasó veintisiete años en la cárcel como resultado de su lucha contra el sistema del apartheid de Sudáfrica. En ese tiempo, entre muchas otras cosas, se dedicó a estudiar el afrikáans, que era la lengua utilizada por los descendientes de los colonos neerlandeses que instauraron el régimen de la segregación durante más de cuarenta años (1948-1992). Pero ¿qué llevó a Mandela a querer aprender ese idioma? De hecho, la mayoría de la población sudafricana hablaba la lengua materna del propio Mandela, que era el xhosa, una lengua bantú. Además, por motivos obvios, una buena parte de esta mayoría detestaba a la gente que hablaba afrikáans, ya que la identificaban con los enemigos que los tenían segregados y oprimidos. Unos dicen que Mandela quiso aprender esa lengua para ser mejor tratado por los guardas de la prisión. Otros porque, y eso parece que es lo que el propio Mandela pensaba, la mejor manera de prepararse para luchar contra el enemigo era conocer sus costumbres, sus gustos y su lengua. Sea como fuere, a Mandela se le atribuye una frase que nos va que ni pintada para este capítulo: «Si hablas a una persona en una lengua que entiende, el mensaje le llega a la cabeza. Si le hablas en su lengua materna, el mensaje le llega al corazón». Tal vez eso es lo que tenía en mente Mandela cuando se puso a aprender la lengua del enemigo. Quería poder comunicarse con ellos en una lengua que les llegara al corazón y no solo a la razón. En este capítulo veremos cuánta razón tenía Mandela, y cómo nuestras emociones y los procesos que ponemos en juego cuando tomamos decisiones pueden variar dependiendo de la lengua que utilicemos en cada momento. Si el lector duda de ello, que no se preocupe, pues yo tampoco me lo creía al principio.

Cuando el contexto comunicativo lo es todo

En el capítulo 1 hemos descrito algunos de los retos a los que se enfrentan los bebés que están expuestos a dos lenguas desde la cuna. Estos niños aprenderán esas dos lenguas en contextos sociales muy similares. Tal vez, el papá habla holandés y la mamá sueco, así que las situaciones en las que se utilizarán las dos lenguas serán bastante parecidas. Es decir, ambos harán cariños a su hijo y le reñirán también, pero en dos idiomas diferentes. Sin embargo, una gran parte de la población aprende una segunda o tercera lengua en contextos sociales muy distintos de aquellos en los que aprendió la primera. Muchas veces ese aprendizaje se limita al contexto académico, en el que se van adquiriendo el vocabulario y las propiedades gramaticales de la lengua de manera reglada. Hay muchísimas diferencias entre estas dos experiencias, la de la cuna bilingüe y la del aprendizaje de una lengua extranjera de manera académica. Aquí nos centraremos en una de ellas, que tiene que ver con el uso social que se hace de la lengua, lo cual nos llevará a reflexionar acerca de las emociones y el lenguaje.

El uso social de la lengua que se está aprendiendo de manera académica es, a menudo, bastante limitado. Esto produce que en muchos casos los alumnos se pregunten sobre la utilidad de ello, y pierdan interés por la materia. Algo así sucede con el aprendizaje del inglés como lengua extranjera en muchos países, incluido el nuestro. Por las quejas que oigo en los adolescentes de ahora, la cosa no ha cambiado mucho desde que yo iba a la escuela, y la asignatura de inglés continúa viéndose como farragosa y relativamente inútil. Por supuesto, los padres, los educadores y la sociedad en general respondemos a esas quejas con aquello de que: «Hijo mío, ya verás que de mayor el inglés te va a servir mucho para ser más competitivo» (por cierto, a mí también me decían cosas similares del latín, ¡WTF!). Pero, como bien sabemos, cuando la recompensa por un esfuerzo se demora en este caso varios años, es difícil perseverar en el esfuerzo. Como diría don Juan Tenorio: «¡Tan largo me lo fiais!».

A mi entender, los contextos de aprendizaje pueden afectar de distinta manera a los diversos niveles de procesamiento. Un contexto limitado al ambiente académico o, si se quiere, desligado del uso social de la lengua, podría (y nótese el uso del condicional) no tener muchas consecuencias para la adquisición de las propiedades gramaticales de una lengua, o incluso para la adquisición de sus sonidos. Sin embargo, sí para lo que denominamos «pragmática», o uso del lenguaje. De manera muy genérica, la pragmática tiene que ver con cómo un contexto o una situación afecta a la interpretación del significado de las palabras o los actos comunicativos. Tiene que ver con las inferencias que hacemos acerca de lo que nos quiere decir el hablante, más allá de lo que en verdad diga; con qué registros del lenguaje son apropiados en cada contexto comunicativo, etcétera. Por ejemplo, cuando utilizamos el registro irónico, muchas veces decimos lo contrario de lo que queremos que el otro entienda. Personalmente, suelo preguntar en los restaurantes si el jamón que tienen es bueno o muy bueno. Si preguntara solo si el jamón es bueno o malo, estaría poniendo en cuestión la calidad del establecimiento, con lo cual el camarero se vería obligado a decirme que es bueno, y tal vez lo haría en un tono desganado. Haciéndole la pregunta de esta manera, el camarero entiende a la perfección lo que trato de averiguar sin sentirse insultado. Se sorprendería el lector al saber cuántas veces me responden con un simple «El jamón está bueno», con lo que acabo pidiendo anchoas. También está implicada la pragmática cuando utilizamos el lenguaje de manera indirecta, como cuando Vito Corleone dice «Le haré una oferta que no podrá rechazar» y lo que quiere decir es «Va a aceptar la oferta que le haga, sí o sí». Para que este tipo de comunicación sea efectiva, los interlocutores deben tener un modelo mental similar del contexto en el que se realiza el acto comunicativo. No es lo mismo que su jefe le diga «Le haré una oferta que no podrá rechazar» que se lo diga su hijo. Pero no solo importa el contexto, también es necesario que los hablantes tengan un conocimiento sofisticado del significado de las palabras, incluyendo cómo esos significados pueden variar dependiendo del contexto.

Todo esto es, tal vez, lo más difícil de aprender cuando nos enfrentamos a una segunda lengua. De hecho, es difícil incluso en nuestra primera lengua, como podemos observar en la literalidad con la que los niños suelen interpretar el lenguaje hasta aproximadamente los seis años de edad. No pretendo aquí presentar las diferentes teorías acerca de la pragmática, muchas de las cuales provienen de la filosofía del lenguaje. Solo presentaré algunos ejemplos que espero que el lector reconozca como habituales en su experiencia con una lengua extranjera. Estos ejemplos nos permitirán entender mejor las secciones siguientes, en las que nos centraremos en la relación entre la emoción, el procesamiento de una lengua nativa y extranjera y la toma de decisiones.

«No lo estoy pillando»: eso es lo que una vocecita nos dice en nuestra cabeza cuando en un grupo de amigos alguien explica un chiste en una lengua extranjera, para la mayoría de nosotros el inglés. Todos se ríen, y usted pasmado. Tímidamente sonríe, tal vez contagiado por las carcajadas de los demás, o por no querer mostrar su falta de habilidad para entender de qué va la broma. Pero no lo está pillando, y lo sabe. Se deprime y maldice los ocho años de clases de inglés recibidas en el colegio. No es que no entienda las palabras o las frases, eso lo capta a la perfección, pero no encuentra nada en ellas que le haga el clic que desencadene la risa. ¿Por qué es tan difícil entender el humor en una lengua extranjera?

El humor es un acto comunicativo extremadamente complejo en el que se ponen en juego muchos trucos de diferente naturaleza. Podemos hacer bromas que impliquen la ironía, el lenguaje indirecto, la sorpresa, el tono de voz, el doble significado de una palabra, la similitud fonológica entre varias, etcétera. Pero, sobre todo, el humor requiere muchas veces prescindir del significado literal del mensaje, y entender que lo que se está diciendo no tiene por qué ser lo que se quiere dar a entender. Este contraste provoca la risa. ¿Cómo se aprende eso? ¿Cómo se enseña eso? En las clases del colegio, desde luego, no. Han insistido mucho en el sentido literal de las palabras y frases, pero poco en cómo usarlas en una situación en concreto. Eso tal vez solo se aprenda con el uso de la lengua en un contexto social, interactuando con otras personas en contextos en los que el significado de las palabras y expresiones dependa de lo que se quiere comunicar, y no tanto de su significado literal. Para mí, uno de los hitos en la adquisición de una lengua extrajera tiene lugar cuando, por primera vez, somos capaces de explicar un chiste en esa lengua... siempre que los demás se rían, claro.

Otro ejemplo que quisiera presentar es el de las palabras y expresiones malsonantes. No voy a escribir los tacos en los que tal vez ahora estará pensando el lector (c...on, j...er, ho...ia, etcétera). Sabemos todos de lo que estamos hablando. Sorprendentemente, los tacos en una lengua extranjera se aprenden con cierta velocidad, quizá porque a los chicos les hace gracia aprender en otra lengua aquello que sus padres les prohíben decir. Siguiendo con ese espíritu, tal vez deberíamos pedirles que no estudiaran las mates, o que se pusieran *piercings* por todo el cuerpo, a ver si así les daba por llevar la contraria... Aunque me temo que en estos casos no lo harán. Todos utilizamos tacos, en mayor o menor medida. Hay diferentes explicaciones de por qué lo hacemos con tanta frecuencia como exclamaciones o insultos. Si el lector está interesado, puede leer las reflexiones de Steven Pinker sobre este tema en su libro titulado *El mundo de las palabras. Una introducción a la naturaleza humana*; lo pasará bien, créame. Desde mi punto de vista, no existe ningún problema en el uso de palabras malsonantes, el problema es saber cuándo utilizarlas y, sobre todo, cuál utilizar en cada situación comunicativa. Y eso es difícil de aprender o descubrir, porque depende en gran medida del contexto social, lingüístico y emocional. El significado de esas palabras es muchas veces similar y, de hecho, toman diferentes significados según el contexto. Escoger una u otra palabra va en función, en gran medida, de la intensidad emocional asociada a ella y de la situación comunicativa. Vamos, que uno no quiere pasarse ni quedarse corto. Además, es habitual que esas palabras salgan casi automáticamente de nuestra boca sin, en realidad, tener más utilidad que incrementar la emocionalidad de nuestro mensaje para llamar la atención del otro, o incluso en la ausencia del otro. Piense cuántas veces suelta un taco cuando le pasa algo inesperado y... está completamente solo. Así, estas palabras y expresiones malsonantes parecen tener un componente emocional fundamental que tiñe su significado y que guía su uso en cada contexto. ¿Cómo aprendemos eso en una lengua extranjera adquirida en un contexto académico? Quizá sea imposible. Y si el lector no está de acuerdo, inténtele explicar a alguien en qué ocasiones es más aceptable utilizar como exclamación «c...ño» y en cuáles «j...er». Buena suerte. No es que no sepamos las traducciones de esas palabras en inglés; como hemos dicho, esas palabras son las primeras que buscan los chicos en el flamante diccionario que los papás les compran cuando empieza el curso. Es cierto que para algunas no hay traducciones, ya que por una cuestión cultural solo se utilizan en una de las lenguas, pero dado que muchas tienen que ver con temas sexuales o escatológicos, disponemos de numerosas versiones. Pero eso no es suficiente, ya que lo que no sabemos es cómo utilizarlas, y en gran medida tampoco las entendemos correctamente cuando las oímos. Eso sucede en buena parte no solo por la falta de conocimiento de la pragmática de la lengua extranjera, sino también por el hecho de que esas palabras no parecen «sonar» como deberían hacerlo en su correspondiente traducción. Pero ¿qué significa que no «suenan como deberían sonar»? Pues que la reacción emocional que experimentamos cuando las escuchamos o las decimos no parece ser la misma y, como en gran medida su significado está teñido por ella, no nos suenan como deberían sonarnos. El resultado de todo esto es que no solo juramos mal en una lengua extranjera, sino que además nos da lo mismo. Parece haber tal distancia emocional que esto nos permite utilizar palabras malsonantes en una lengua extranjera con mayor facilidad que en nuestra lengua materna, lo que, créame, sorprende e incomoda a los interlocutores nativos de esa segunda lengua. Así, otro hito en la adquisición de una lengua extranjera sería saber utilizar los tacos y expresiones malsonantes de manera apropiada y, además, que nos «sonaran» mal, en definitiva que nos sentaran mal.

Mucho me temo que unos hitos como explicar chistes y usar de forma correcta las palabras malsonantes en una segunda lengua no serán tenidos en cuenta por los especialistas en diseñar protocolos de aprendizaje. De hecho, tal vez les irriten los párrafos anteriores. Ya saben, lo importante es que los chicos aprendan los verbos irregulares de carrerilla y que no cometan demasiadas faltas ortográficas. Quizá eso no sea lo más importante, pero sí lo más cómodo de enseñar en un contexto académico. Así nos va. Pero tampoco importa demasiado que no presten mucha atención, porque parece que gran parte de lo que los chicos aprenden de una lengua extranjera no lo adquieren en clase, sino jugando a la PlayStation en red, escuchando música o viendo a sus *youtubers* favoritos; es decir, usando la lengua en un contexto social.

Emoción y lengua, o cuando las palabras no suenan como deberían

Mandela pensaba que hablando a alguien en su primera lengua el mensaje le llegaba al corazón y, en la segunda, a la razón. Un poco exagerado, de acuerdo. Sin embargo, piense que ideas similares han estado siempre presentes en nuestra historia. Por ejemplo, se atribuye a Carlomagno, que hablaba francés, latín y entendía el griego clásico, la siguiente expresión: «Saber otra lengua es como tener una segunda alma». Más exagerado todavía. Pero ¿hay algo de verdad en ello? ¿Hasta qué punto nuestras reacciones emocionales son diferentes en la lengua materna y en una lengua extranjera?

Déjeme que le explique esta anécdota, pues creo que resume bien lo que viene a continuación. Aunque soy bilingüe casi desde la cuna, mi lengua materna y en la que me siento más cómodo es el castellano. Eso no quiere decir que no utilice muy a menudo el catalán con amigos, colegas y alumnos. Incluso el idioma con el que me comunico habitualmente con mi hijo es el catalán. En una de las frecuentes discusiones con mi hijo cuando este tenía once años, el tono iba subiendo. No recuerdo bien a qué se debía la pelea, pero sí que el ambiente se iba calentando. Entonces, de manera inconsciente y cuando el nene ya me tenía hartito, dejé de hablar en catalán y cambié al castellano. Hasta aquí todo más o menos normal. Lo divertido fue la reacción de mi hijo. Me dijo: «No, papá, no, ¡en castellano no!». «¿Qué? ¿Qué dices?», le pregunté (no, no se preocupe el lector, no tenía nada contra el castellano *per se*). Él respondió que había notado que en otras ocasiones, cuando me enfadaba y cambiaba al castellano, era porque estaba realmente irritado y la cosa se estaba poniendo fea. Era como si Alex hubiera advertido que la intensidad emocional con la que podía expresarme en mi lengua dominante era mayor que en la no dominante, y que cuando estaba enfadado de verdad me «salía» el castellano. Me eché a reír, se me pasó el enfado, lo castigué de todos modos, y a cenar.

Los estudios que han explorado esta cuestión han tomado dos caminos diferentes. En primer lugar, tenemos estudios de campo en los que se recogen entrevistas y cuestionarios a personas que utilizan dos lenguas acerca de sus emociones y sentimientos cuando se enfrentan a cada una de ellas. Aquí, las investigaciones de Aneta Pavlenko y Jean-Marc Dewaele, entre otros, sugieren que nuestra percepción de la emocionalidad que experimentamos ante la lengua materna es mucho mayor que ante una lengua extranjera, dicho de otra manera «no-suena-igual». Estos estudios son muy útiles, porque preguntan de manera directa a las personas sobre su relación con las lenguas que utilizan. Sin embargo, pueden estar también afectados por sesgos de respuesta y por juicios acerca de cómo cree la gente que se siente ante diferentes lenguas. Dicho de otro modo, si alguien me pregunta si me siento igual cuando oigo «I love you» o «Te quiero», es probable que diga que siento más emoción en el segundo caso, aunque no es obvio de inmediato que la sensación sea diferente de verdad. Una cosa es lo que pienso que siento, y otra lo que siento realmente. Necesitamos complementar estos estudios con otros.

El otro camino ha sido el de realizar experimentos más indirectos para ver hasta qué punto la reacción emocional a palabras o frases en las dos lenguas es diferente. Los resultados aquí son más controvertidos, y en algunos casos se aprecian diferencias y en otros no tantas. Veamos alguno de estos estudios.

En capítulos anteriores hemos mencionado el efecto Stroop cuando hablábamos del control atencional. Este efecto se basa en que una dimensión irrelevante del estímulo en cuestión puede interferir en la tarea principal del participante. Por ejemplo, imagine que se le pide que diga el color de la tinta en el que está escrita una palabra. En principio, su significado es irrelevante, solo hay que fijarse en el color. Por tanto, debería tardar lo mismo en decir que la palabra «moto» está escrita en negro que en afirmar que la palabra «rojo» es también de color negro. Ya ha visto el truco, ¿no? Las respuestas de los participantes son más lentas cuando el significado de la palabra corresponde también a un color que cuando no es así. En otras palabras: una dimensión irrelevante (el significado de las palabras) para la tarea que se tiene que realizar (describir el color de las letras) afecta a nuestro rendimiento. Pues bien, resulta que el mismo tipo de estudios se pueden llevar a cabo enfrentando palabras con contenido emocional con otras más neutras. Lo que se observa es que se tarda más en decidir en qué color está escrita una palabra cuando su significado provoca una reacción emocional («amor», «muerte») que cuando no lo hace («mesa», «caña»). Estos resultados sugieren que el valor emocional de esas palabras capta la atención de manera automática, provocando que, cuando la emocionalidad es alta, nos despistemos más y tengamos menos recursos para referirnos al color de las letras. Pues resulta que un buen número de estudios han mostrado que este efecto se reduce cuando las palabras se presentan en la segunda lengua de los participantes. Es decir, el valor emocional de esas palabras en la lengua extranjera parece ser menor y, en consecuencia, capta nuestra atención en menor medida, interfiriendo menos con la tarea principal. Sin embargo, otros estudios han tenido menos éxito en mostrar una diferencia entre lenguas en este tipo de paradigmas. Así que aquí la pregunta todavía está abierta.

Otro tipo de estudios se han centrado en estudiar la reacción psicofisiológica que provocan las palabras emocionales como consecuencia de cambios en el sistema nervioso autónomo. ¿Cómo podemos medir estas reacciones? Existen ciertos indicadores de cambios provocados por situaciones emocionales tales como los niveles de conductividad eléctrica de la piel, el ritmo cardíaco o la dilatación de la pupila. Cuando nos encontramos ante una situación emocional, la conductividad de la piel aumenta debido a la sudoración, el pulso aumenta y la pupila se dilata. En una serie de estudios realizados en la Universidad de Boston por Catherine Caldwell-Harris, se ha observado que la respuesta de la conductividad eléctrica de la piel o electrodermal ante estímulos emocionales es menor en una segunda lengua que ha sido aprendida después de la niñez. En uno de estos experimentos, que resulta particularmente curioso, se utilizaron frases correspondientes a reprimendas en la lengua nativa de los participantes o en la extranjera, como por ejemplo «¿No te da vergüenza?». Estas frases provocaban un mayor cambio en la respuesta electrodermal que otras neutrales como «El coche es azul», pero solo en la primera lengua del sujeto.

Estos resultados muestran los efectos que las experiencias sociales de nuestra infancia pueden tener en el posterior procesamiento del lenguaje cuando somos adultos. Es como si se creara una asociación automática entre las expresiones que nuestros padres nos decían y los estados emocionales que estas nos provocaban. Esa asociación siempre existirá en la lengua en la que nos hablaban nuestros padres, y no tanto en lenguas que hemos aprendido de mayores y en contextos más académicos.

Por último, existen también estudios que han explorado la actividad cerebral asociada a mensajes emocionales presentados en una primera y segunda lengua. Por ejemplo, en un estudio llevado a cabo en la Universidad Libre de Berlín, se evaluó la actividad cerebral de individuos bilingües alemán-inglés mientras leían pasajes de Harry Potter con carga emocional neutral o positiva. Los resultados fueron claros: los fragmentos emotivos activaban áreas relacionadas con el procesamiento emocional, tales como la amígdala, en mayor medida que los textos neutrales. Sin embargo, este efecto solo tenía lugar cuando los participantes leían los textos en su primera lengua (el alemán). En la segunda se manifestaba una menor diferencia en la actividad cerebral entre ambos textos.

Aunque estos estudios apuntan a una reducción de la respuesta emocional cuando nos enfrentamos a una lengua aprendida después de la niñez, todavía nos queda mucho por entender. Por ejemplo, no sabemos si tal reducción viene dada por el hecho de que se trata de una segunda lengua o por el contexto social en el que se ha aprendido. Tampoco sabemos si tiene que ver solo con la edad de adquisición de esa lengua. Mi predicción aquí es que todas esas variables van a contribuir a nuestra respuesta emocional, aunque tal vez la más determinante sea el uso social extendido en el tiempo que hagamos de esa lengua.

TOMA DE DECISIONES: INTUICIÓN Y RAZÓN

Hace más de veinte años empecé mis colaboraciones de investigación en el departamento de Psicología Básica de la Universidad de Barcelona. Era el verano de 1991 y yo acababa de finalizar el segundo curso de la carrera de Psicología. Me dirigí al departamento a ver si podía colaborar de alguna manera durante el verano. Mi interés estaba ligado a la cognición en general, pero en especial a la toma de decisiones y a cómo las personas resolvemos problemas. Sin embargo, en el camino me crucé con la profesora Núria Sebastián, que con bastante habilidad recondujo mis intereses hacia el lenguaje y el bilingüismo. Adiós a la toma de decisiones y a la resolución de problemas, bienvenido el lenguaje. Más de veinte años después he conseguido dos cosas. La primera es continuar colaborando y manteniendo la amistad con Núria. Gracias, Núria. La segunda es, al final, investigar en el campo de la toma de decisiones, aunque, eso sí, combinada con el bilingüismo. Quien la sigue la consigue, como diría aquel. Esta sección está dedicada a esta otra cuestión y, por tanto, necesitaré introducir algunos conceptos básicos acerca de la toma de decisiones antes de pasar al tema de cómo nuestras decisiones pueden verse afectadas por la lengua que utilizamos. Pero, en este caso, no se salte lo que viene, seguramente le interesará.

Dos de los investigadores más influyentes de los últimos cuarenta años en la psicología cognitiva han sido Daniel Kahneman y Amos Tversky. Gracias a sus trabajos, muchos ellos en colaboración durante más de veinte años, hemos aprendido mucho acerca de los mecanismos cognitivos que se ponen en juego cuando las personas tomamos decisiones. Fruto de estos descubrimientos nació una disciplina nueva que está a caballo entre la psicología cognitiva y la economía, a la que se ha bautizado con el nombre de economía conductual (*behavioral economics*, en inglés). Los dos psicólogos merecían el Premio Nobel de Economía (o de psicología, si existiera, claro), aunque lamentablemente solo lo pudo recoger Kahneman en 2002 tras la muerte de Tversky algunos años antes. Si quieren saber más sobre la relación entre estos dos psicólogos israelíes no se pierdan el libro de Michael Lewis publicado recientemente *Deshaciendo errores. Kahneman, Tversky y la amistad que nos enseñó cómo funciona la mente.*

La contribución fundamental de estos autores es el desarrollo de la tesis propuesta ya por el premio Nobel de Economía en 1978, Herbert Simon. En pocas palabras, la idea es que ante una situación compleja que requiere tomar una decisión, las personas tendemos a simplificar los detalles que la situación conlleva y tomamos atajos heurísticos en vez de calcular las probabilidades reales de las opciones a las que nos enfrentamos. Esta simplificación y estos atajos nos proponen soluciones intuitivas al problema en cuestión. Es como si viéramos la solución clara de golpe (como si de una regla de oro se tratara) sin necesidad de considerar todas las variables que están implicadas en el problema. En muchas ocasiones estos atajos funcionan, y la solución intuitiva al problema es la que mejor sirve a nuestros propósitos. Por ejemplo, si está pensando en acabar una relación de pareja y se pone a hacer una lista razonada de los pros y contras de mantener esa relación, considérela acabada. El amor no funciona así. En algunas de estas ocasiones somos casi incapaces de detallar los pasos que hemos seguido para llegar a esa solución; no sabemos por qué la hemos escogido, pero ha funcionado. Parte de esa intuición proviene de la experiencia que hemos acumulado de manera más o menos implícita cuando nos hemos enfrentado con anterioridad a situaciones similares. Ese aprendizaje implícito provoca que en situaciones similares se nos ocurra una solución al problema casi de manera inmediata. Si el lector quiere saber más acerca de esta cuestión, le recomiendo un libro de divulgación muy divertido escrito por el ensayista Malcolm Gladwell, titulado *Inteligencia intuitiva. ¿Por qué sabemos la verdad en dos segundos?*

Sin embargo, en otras ocasiones estos atajos heurísticos comportan cierta distorsión de la realidad y de las probabilidades de las opciones que se nos presentan. En según qué contextos estas distorsiones pueden llevarnos a comportamientos un tanto irracionales y a tomas de decisiones no óptimas para nuestros intereses. A esas distorsiones las llamamos «sesgos del pensamiento». Si actuáramos siempre razonando de manera deliberativa acerca de las diferentes variables de un problema, maximizando el valor esperado de nuestras acciones, entonces nos estaríamos comportando como *Homo economicus*, tal y como algunos pensadores clásicos de la economía habían propuesto. Pero resulta que somos del tipo *Homo sapiens*, y nuestras decisiones se ven afectadas tanto por los procesos intuitivos como por aquellos más de tipo deliberativo y razonado. Como dijo Tversky en relación con su línea de investigación: «Mis colegas estudian la inteligencia artificial, yo la estupidez natural». Lo sé, he utilizado unas cuantas palabras abstractas en este párrafo, pero lo entenderemos mejor ahora.

Pongamos el ejemplo clásico de Linda. Este es el problema extremadamente simple que Tversky y Kahneman propusieron:

> Linda tiene treinta y un años de edad, es soltera, inteligente y muy brillante. Se especializó en filosofía. De estudiante, le preocupaban mucho los asuntos de discriminación y justicia social, y también participó en manifestaciones antinucleares. ¿Qué es más probable?
>
> a) Linda es cajera de un banco.
>
> b) Linda es cajera de un banco y activista del movimiento feminista.*

Me atrevería a decir que un buen número de lectores han optado por la segunda opción. Reconozcan, al menos, que muchos han dudado. La respuesta es extremadamente obvia si uno se detiene a pensar: la primera opción es la más probable. ¿Por qué? Porque la probabilidad de que ocurran dos cosas juntas no puede ser mayor que la probabilidad de que ocurra solo una de ellas. De forma más llana, si Linda es cajera de banco y activista, entonces

---

* Daniel Kahneman, *Pensar rápido, pensar despacio*, Joaquín Chamorro Mielke, trad., Barcelona, Debate, 2015, pp. 207.

202

tiene que ser cajera de banco por fuerza; mientras que es posible que sea cajera y no activista. En el estudio original, alrededor del 85 por ciento de los consultados eligieron la segunda opción, cayendo así en una falacia llamada «sesgo de conjunción». Este error parece surgir de lo que se denomina la heurística de la representatividad, por la que la segunda opción concuerda más con la descripción que se ha hecho de Linda, aunque sea claramente menos probable en términos lógicos. Por decirlo de otra manera: dado el preámbulo, tiene todo el sentido del mundo pensar que Linda sea cajera y activista, aunque eso sea en realidad menos probable. Si hubiéramos pensado un poquito, solo un poquito, hubiéramos encontrado la respuesta correcta sin ningún problema. Sin embargo, para ello tendríamos que haber rechazado la respuesta que nuestra intuición con insistencia nos ha propuesto: Linda es cajera y activista.

Este tipo de estudios, entre otros que veremos más adelante, han llevado a postular que en el proceso de la toma de decisiones existen dos sistemas en juego. Por un lado, encontramos este sistema intuitivo que pone en marcha atajos heurísticos y que nos propone soluciones a los problemas de manera rápida y casi automática, o lo que en términos académicos se ha bautizado como «Sistema 1». Vamos, aquel que nos hace ver las cosas claras de golpe (Linda es cajera y activista). Por otro lado tenemos un sistema más lógico y reflexivo, que nos permite considerar las diferentes variables del problema y llegar a conclusiones que van más allá de aquellas propuestas por nuestra intuición (Sistema 2). Este sistema sería el deliberativo. Sin embargo, este sistema es lento, cognitivamente demandante y costoso desde el punto de vista de los recursos mentales; es decir, nos tenemos que parar a pensar. Las decisiones que tomamos están influidas por estos dos sistemas de una manera compleja y, de hecho, la interacción entre ambos es la que finalmente guiará nuestra decisión. Lo que nos interesa ahora es saber qué factores facilitan o dificultan la contribución de cada sistema a nuestra toma de decisiones. No será aquí donde describamos esos factores con detalle, ya que no quisiera competir con Kahneman en ese cometido, así que si quiere saber más sobre este tema (y debería, para poder entender sus propias decisiones) no deje de leer *Pensar rápido, pensar despacio*, una delicia, créame. Lo que sí analizaremos a continuación es hasta qué punto la lengua en la que se presentan los problemas puede ser uno de los factores que afecten a nuestros juicios, preferencias y decisiones.

Cuidado con qué lengua usas, tus decisiones pueden cambiar

Uno de los factores que aumentan la contribución de los procesos intuitivos a nuestra toma de decisiones es la reacción emocional que provoca una situación en concreto. Ante situaciones de gran carga emocional nos dejamos llevar más por la intuición o, si se quiere, nos cuesta más pararnos a pensar y razonar sobre lo que tenemos delante. Ya sabe, aquello de intentar no tomar decisiones en caliente. Los desarrolladores de software lo saben y por eso han intentado poner remedio a esos impulsos con programas que retrasan el envío de correos electrónicos unos minutos o incluso horas, y que permiten que el emisor cancele algo que de otra manera hubiera sido ya enviado. Vamos, le permite pensar dos veces, cosa que en muchas ocasiones nos evita meternos en líos. Por decirlo de una manera un tanto simple: a menor emocionalidad, mejor control de los procesos intuitivos y mayor eficiencia en el control de los sesgos que pueden comportar las heurísticas. O sea, un pensamiento más frío, si se quiere. Guarden la idea.

En secciones anteriores hemos repasado algunas evidencias que sugerían que el uso de una segunda lengua aprendida en la edad adulta o en un contexto académico sin (o con poco) uso social podía implicar una reducción en la respuesta emocional producida por un mensaje en tal lengua. Aquello a lo que nos hemos referido con el término nada técnico de «no-suena-igual». Ni los tacos, ni las reprimendas, ni los hechizos de Harry Potter suenan igual en nuestra lengua nativa que en las demás. Y que no suenen igual hace que nuestra reacción emocional sea menor.

Después de las ideas expuestas en los dos párrafos anteriores, espero que el lector vea ya por dónde van los tiros. La hipótesis es la siguiente: si los sesgos del pensamiento asociados a las heurísticas se ven facilitados en condiciones de intensidad emocional, y el uso de una lengua extranjera reduce la emocionalidad provocada por el mensaje, entonces dichos sesgos influirán menos cuando tomemos decisiones en la segunda lengua. Si ello fuera así, la toma de decisiones en este contexto tal vez respondiera más a criterios deliberativos y lógicos que en un contexto de lengua nativa. El Sistema 2 tendría más posibilidades de tomar las riendas. No se preocupe, yo también pensé: «¡Sí, hombre, eso es imposible!».

El primer estudio que analizó esta cuestión fue el dirigido por Boaz Keysar en la Universidad de Chicago en 2012 y publicado en *Psychological Science*. En este trabajo se exploró el «efecto de marco» en la toma de decisiones. Este efecto se refiere a que nuestras decisiones pueden cambiar dependiendo de cómo se nos presenten las opciones ante un problema en concreto. El marco no cambia el valor de las opciones, solo la manera en que estas se muestran. Lo mejor es poner el ejemplo del estudio para que cada uno pueda juzgar por sí mismo.

MARCO DE GANANCIAS

Desde hace poco una nueva enfermedad peligrosa se está extendiendo. Sin medicinas, 600.000 personas morirán por su causa. Se están fabricando dos tipos de medicinas para salvar a estas personas, la medicina A y la B.

Si eliges la medicina A, se salvarán 200.000 personas.

Si eliges la medicina B, hay un 33,3 por ciento de probabilidades de que se salven las 600.000 personas, y un 66,6 por ciento de que no se salve ninguna.

¿Qué medicina elegirías?

¿Qué medicina ha elegido el lector? No se preocupe, no hay una opción mejor que otra. De hecho, el valor esperado, en términos económicos, es el mismo para ambas. La única diferencia es que el resultado de elegir la medicina A es seguro en el sentido de que sabemos lo que pasará, mientras que el de elegir la medicina B es probabilístico. La elección que haya hecho el lector depende de lo que se denomina «aversión al riesgo» o, en otras palabras, depende de lo osado que sea cada uno. En cualquier caso, sabemos que alrededor del 75 por ciento de las personas eligen la opción A, en la que se salvan con seguridad 200.000 personas, aunque eso signifique también con total seguridad la muerte de otras 400.000. Ya saben, aquello de que más vale pájaro en mano que ciento volando. Hasta ahí todo sigue la lógica. Pero ahora viene el truco y el descubrimiento pionero de Tversky y Kahneman. A otros participantes se les presenta el mismo problema con unas opciones equivalentes a las anteriores pero con un foco diferente.

MARCO DE PÉRDIDAS

Si eliges la medicina A, morirán 400.000 personas.

Si eliges la medicina B, hay un 33,3 por ciento de probabilidades de que no muera nadie, y un 66,6 por ciento de que mueran 600.000 personas.

Hum. ¿Ha cambiado el lector su decisión? ¿Tomaría más riesgos ahora, y elegiría la medicina B? Como mínimo, ¿a que no le parece tan atractiva la opción segura ahora, cuando se pone el énfasis en las vidas que se perderán con seguridad (marco de pérdidas) y no en las vidas que se salvarán (marco de ganancias)? Los dos problemas son idénticos en sus consecuencias y, por tanto, las decisiones, cualesquiera que estas fueran, deberían ser iguales para ambos. Eso si fuéramos *Homo economicus*... Pero resulta que no lo somos. En el segundo problema, la cantidad de gente que da la respuesta arriesgada (la medicina B) es mucho mayor que en el primero. ¿Por qué? Porque en el primero la opción en la que el resultado es seguro (medicina A) está presentada en términos de ganancia (cuántas vidas se salvan) y en el segundo se presenta en términos de pérdidas (cuántas vidas se pierden), y los seres humanos odiamos perder vidas, dinero o lo que sea. Sufrimos lo que se denomina «aversión a la pérdida», y dado que en el segundo problema se nos hacen patentes la cantidad de personas que morirán, nos arriesgamos más. Ya saben, aquello de que «de perdidos, al río». Lo importante de este efecto es que nuestras decisiones no solo vienen determinadas por el valor esperado (o consecuencias) de las opciones que se nos presentan, sino también por cómo están descritas estas opciones y el marco en el que tienen lugar. Si una opción segura se presenta en términos de ganancia, es más probable que la escojamos y no nos arriesguemos. Si esta misma opción se presenta en términos de pérdidas, tendemos a arriesgarnos más que antes.

El descubrimiento de Keysar es que esta diferencia en las respuestas según cómo se presentaran las alternativas, si como ganancias o como pérdidas, desaparece cuando los problemas se enuncian en la lengua extranjera de los participantes. Recuerde que no hay respuesta correcta o incorrecta, pero lo que no tiene mucho sentido es cambiar de opción dependiendo de si se presentan de una manera u otra cuando en realidad son equivalentes. Es como si, cuando nos enfrentamos a estas decisiones en una lengua extranjera, el sentimiento de aversión a la pérdida no nos afectara. Sorprendente, ¿no les parece? A uno le gustaría pensar que nuestros juicios, preferencias y decisiones debieran estar guiadas por un cálculo de probabilidades y una evaluación racional de las opciones que se nos ofrecen. Los aspectos irrelevantes deberían ser ignorados cuando tomamos una decisión. En cualquier caso, si alguno de esos aspectos irrelevantes, como por ejemplo el marco de presentación, afectara a nuestras decisiones, lo debería hacer con independencia de la lengua. Pues no es así: la lengua del contexto en cuestión afecta a nuestro juicio y a nuestras preferencias. Los autores atribuyeron este fenómeno a una reducción en la emocionalidad asociada a una lengua extranjera, lo que hace que se reduzca la aversión a la pérdida y los participantes se comporten de manera más consistente... o racional, si se prefiere. Es decir, el marco de pérdida no provocaría un efecto emocional tan negativo en la lengua extrajera y, por tanto, no conduciría a un aumento de respuestas arriesgadas en comparación con el marco de ganancia.

Cuando leí por primera vez estos resultados no me los podía creer. No solo eran muy sorprendentes, sino que además tenían unas consecuencias sociales, económicas y políticas importantísimas. ¿Cuánta gente estaba tomando decisiones en contextos en los que los problemas eran debatidos en su lengua extranjera? ¿Cómo era posible que fuéramos más lógicos, o si se quiere consistentes, en una lengua en la que nos costaba más comunicarnos? ¿Era eso positivo o negativo? ¿En qué hablaban nuestros políticos en Bruselas? ¿Tenían las empresas que empezar a hacer sus reuniones en una lengua extranjera? «No tan deprisa», pensé. Este descubrimiento solo tendría consecuencias prácticas si el fenómeno fuera de carácter general, y no estuviera circunscrito solo al efecto de marco descrito antes. Así que nos pusimos manos a la obra, y empezamos a emprender una serie de estudios acerca de la interacción entre la toma de decisiones y el estatus de la lengua en la que los problemas se presentan. Se cerraba el círculo: empezaba a estudiar los temas que me llevaron al departamento de Psicología Básica de la Universidad de Barcelona aquel verano veinte años atrás y, curiosamente, lo iba a hacer en el Centro de Cognición y Cerebro de la Universidad Pompeu Fabra.

El resultado de nuestros estudios mostró que el efecto de la lengua extranjera en la toma de decisiones era coherente y generalizable a otras situaciones. Les pondré un par de ejemplos. En uno de los experimentos analizamos la aversión al riesgo. Este concepto ya lo hemos presentado más arriba, pero básicamente se resume en que los seres humanos tendemos a preferir opciones seguras a otras que lo son menos, a pesar de que las primeras no sean necesariamente las que más rentabilidad nos puedan ofrecer. Es decir, el valor esperado de la opción que elegimos es menor que el valor esperado de la otra opción que se nos ofrece, pero la primera opción es más segura y la segunda conlleva un riesgo. Pongamos un ejemplo. Imagínese que le ofrezco jugar a una de estas dos loterías. En la primera (lotería A) tiene la mitad de probabilidades de ganar 2 €, y la mitad de ganar 1,60 €. Por decirlo así, lanzaremos una moneda al aire, si sale cara gana 2 €, y si sale cruz gana 1,60 €. En la otra (lotería B), si sale cara ganaría 3,85 €, y si sale cruz 0,10 €. Ojalá todos los sorteos fueran así y nos dieran dinero si perdemos ¿no? En cualquier caso, ¿cuál elegiría usted? En la lotería A, como mínimo ganaría 1,60 €, que es bastante más de lo que la lotería B le garantiza (0,10 €). Es, por tanto, más segura en términos de la ganancia asegurada si las cosas salen mal. Sin embargo, si el resultado es positivo para usted y gana la apuesta, entonces el bote de la lotería B es casi el doble que el de la A (3,85 € o 2 €). *Homo economicus* no tendría ninguna duda y, tras un análisis relativamente fácil, vería que la segunda lotería tiene un valor esperado mayor y, por tanto, la elegiría. Sí, ha leído bien, *Homo economicus* elegiría jugar a la lotería B, mientras que usted quizá haya elegido hacerlo a la A. Pero ¿por qué ha hecho esta elección? Pues porque la lotería B implica un riesgo mayor que la A, en el sentido de que asegura menos dinero si se pierde. Pues resulta que cuando se presentan este tipo de sorteos en una lengua extranjera, el inglés en el caso de nuestros estudiantes de Barcelona, los participantes tienden a mostrar una reducción de esta aversión al riesgo. En otras palabras, eligen la lotería segura (A), aunque esta tenga menos valor esperado, con mucha menos frecuencia cuando se presenta en una lengua extranjera que en la lengua nativa. De alguna manera, en este caso, enfrentarse a los problemas en la lengua extranjera promueve una mejor decisión para sus intereses económicos. Creemos que el origen de este efecto tiene que ver con que la reacción emocional que dispara la aversión al riesgo es menor cuando el problema se describe en una lengua extranjera. Ya sabe, si tiene que ir a un casino, vaya a uno en el que no le hablen en su lengua materna... Aunque mucho me temo que en el casino tiene todas las de perder en cualquier caso.

El otro ejemplo tiene que ver con lo que se denomina «contabilidad mental o psicológica». Este término se refiere a cómo los seres humanos categorizamos el valor de nuestras transacciones económicas. Pongamos este caso, que nos será familiar. Sale un sábado de casa dispuesto a comprarse una chaqueta que hace ya un par de semanas que ha visto en una tienda cerca de su casa. No es que la necesite, pero claro, es la primera compra de esta temporada y piensa que sus esfuerzos en el trabajo de los meses precedentes merecen un autohomenaje. No tiene ninguna duda sobre eso (sobre que se merece el autohomenaje); ya sabe, no hay nada como justificarse a uno mismo el hecho de gastarse el dinero innecesariamente. Sea como sea, todos tenemos derecho a un capricho, o dos. Resulta que se encuentra a una amiga cuando ya está muy cerca de la tienda, y esta le dice que la misma chaqueta la puede encontrar más barata en otro centro comercial. La chaqueta vale 125 € en la tienda que tiene al lado, y en el centro comercial, 120 €, pero, claro, tiene que coger el coche y conducir diez minutos hasta llegar allí. ¿Qué haría usted? ¿Iría a buscar el coche y conduciría hasta el centro comercial para ahorrarse 5 €? No hay una respuesta correcta a esta pregunta. Su decisión dependerá de muchos factores, entre ellos de lo tacaño que sea usted y del tiempo que tenga para ir de compras. Pero ahora imagine que, en vez de salir a comprarse una chaqueta, usted hubiera ido a por una bufanda que vale 15 €, y le dicen que en el centro comercial le costaría 10 €, esto es, 5 € menos. ¿Estaría ahora más dispuesto a coger el coche? La respuesta es que sí, o al menos con mayor probabilidad que en el caso de la chaqueta. Extraño, ¿no? Tanto en el caso de la chaqueta como en el de la bufanda, el viaje al centro comercial supone un ahorro de 5 €, pero ¿a que no sientan igual? Ahí está el quid: no sientan igual. Pues bien, en este estudio exploramos la presencia de un efecto de lengua extranjera en este fenómeno. En concreto, planteamos las siguientes situaciones a diferentes grupos de participantes:

> A) Imagina que estás a punto de comprar una chaqueta por 125 € y una calculadora por 15 €. El dependiente te dice que la calculadora que quieres comprar está en oferta por 10 € en una tienda de la misma cadena que está situada a 20 minutos en coche.

¿Harías el viaje a la otra tienda?

B) Imagina que estás a punto de comprar una chaqueta por 15 € y una calculadora por 125 €. El dependiente te dice que la calculadora que quieres comprar está en oferta por 120 € en una tienda de la misma cadena que está situada a 20 minutos en coche.

¿Harías el viaje a la otra tienda?

Los dos textos son equivalentes en el montante total del gasto (140 €) y en el descuento total de la compra (5 €). La única diferencia es que en un caso el descuento se realiza sobre el objeto de menor valor (el que cuesta 15 €), la chaqueta o la calculadora, mientras que en el otro sobre el objeto de mayor valor (el que cuesta 125 €). Los resultados fueron claros. Cuando el texto se presentó en la primera lengua de los participantes, alrededor del 40 por ciento de ellos afirmó que iría a la otra tienda cuando el descuento se hacía sobre el objeto de menor valor, mientras que solo el 10 por ciento decidían aceptar el descuento sobre el objeto de mayor valor. Esta diferencia se reducía a la mitad cuando el problema se presentaba en la lengua extranjera, de nuevo el inglés. Es como si esta promoviera una decisión más meditada en la que al fin y al cabo ahorrarse 5 € es ahorrarse 5 €, independientemente del valor del producto de donde proceda ese ahorro y del porcentaje de descuento que signifique.

El efecto de la lengua extranjera en la toma de decisiones parece también extenderse a nuestra apreciación del riesgo. Por ejemplo, cuando se pide a unos participantes que puntúen los beneficios o riesgos de ciertas actividades, resulta que los riesgos se ven como menos peligrosos y los beneficios como más importantes en el contexto de una lengua extranjera. Si preguntamos a un grupo de personas cuánto riesgo creen que está asociado a las centrales nucleares, su apreciación es menor cuando la pregunta se hace en una lengua extranjera, en este caso el inglés para hablantes nativos del italiano. Así que cuidado con comparar encuestas que se llevan a cabo en lenguas que no son las maternas de los participantes (piense, por ejemplo, en encuestas sobre satisfacción laboral a trabajadores emigrados de Pakistán, Marruecos, China, etcétera).

Estos resultados sugieren que nuestras decisiones pueden verse afectadas por la lengua en la que se presenta el problema. De hecho, parecería que en un contexto de lengua extranjera nos volvemos más consistentes y, si se quiere, más reflexivos que en nuestra lengua nativa. Pero ¿qué hay detrás de este efecto? ¿Cómo se origina? Es posible que cuando nos enfrentamos a un problema en una lengua extranjera lo hagamos de manera más cauta y pongamos un mayor esfuerzo. Este, tal vez, permitiría reducir los sesgos intuitivos y tomar decisiones más razonadas. Por decirlo de alguna manera, cuando el problema conlleva cierta dificultad desde el punto de vista lingüístico, nos ponemos las pilas y repensamos nuestras decisiones, lo cual permite bloquear las respuestas del sistema intuitivo (Sistema 1) y hacernos pensar dos veces sobre las opciones que se nos dan (Sistema 2). Nótese que, según esta explicación, el efecto de la lengua extranjera no estaría tan relacionado con la reducción de la emocionalidad como con el esfuerzo cognitivo que suscita. Si esto fuera así, deberíamos encontrar ese efecto en situaciones que no implicaran una respuesta emocional, lo cual tendría implicaciones incluso más amplias para la educación y la sociedad en general.

Pusimos a prueba esta hipótesis mediante el denominado «test de reflexión cognitiva» desarrollado por Shane Frederick. La versión que utilizamos contenía solo tres problemas que están diseñados para provocar en los participantes una respuesta intuitiva... que, en este caso, es incorrecta. Por tanto, para contestar correctamente el participante tiene que deshacerse de esa reacción que le salta a la mente y razonar un poquito, solo un poquito. De hecho, algunos estudios han mostrado que existe una correlación entre lo bien que se realiza este test y las puntuaciones en pruebas de inteligencia general. Aquí están los problemas:

> Un bate y una pelota de béisbol cuestan 1,10 € en total. El bate cuesta 1 € más que la pelota. ¿Cuánto cuesta la pelota? _____ céntimos.
>
> Si 5 máquinas tardan 5 minutos en fabricar 5 teclados, ¿cuánto tardarían 100 máquinas en fabricar 100 teclados? _____ minutos.
>
> En un lago hay un área con flores. Cada día, el área dobla su tamaño. Si el área necesita 48 días para cubrir el lago entero, ¿cuántos días necesitaría el área para cubrir la mitad del lago? _____ días.

No me digan que no les han venido a la mente los siguientes números, 10, 100 y 24. Lamento decirles que están equivocados. Esos tres números son los que vienen a la mente de manera rápida, casi de forma automática y como si los viéramos clarísimos, pero son el producto de nuestro sistema intuitivo. De hecho, los problemas están planteados para que así sea. Sin embargo, esas respuestas son incorrectas. Si piensa solo un poquito se dará cuenta de que las respuestas correctas son 5, 5 y 47. No le explicaré el porqué... Devánese los sesos un poquito y seguro que lo saca. Si el efecto de la lengua extranjera tuviera su origen en un mayor esfuerzo cognitivo, entonces sería posible que el rendimiento en esta tarea fuera mayor cuando los problemas se presentan en ella. Pero esto no fue así, y la tasa de acierto de estos tres problemas fue igual (de pobre) en las dos lenguas. Además, la tendencia a responder con la respuesta intuitiva fue igual de frecuente en ambas. Es decir, no parece que la lengua extranjera tenga un efecto en aquellos problemas lógicos que no implican al sistema emocional. Pero todavía queda mucho que explorar en este sentido.

¿Sacrificaría una vida para salvar cinco?

A muchos de nosotros, nuestras creencias y valores morales son lo que más nos definen como personas. No nos definimos por ser altos, rubios, ricos o fuertes, sino por ser más o menos piadosos, comprensivos, egoístas, coherentes, etcétera. A no ser que nos adhiramos a la máxima marxista (de Groucho) de «Estos son mis principios, si no le gustan tengo otros», nos agrada pensar que tenemos ciertos principios y reglas morales y que estos conforman lo que realmente somos. También creemos, o queremos creer, que nuestros principios acerca de lo que está bien y mal son relativamente estables y no dependen de trivialidades irrelevantes como la hora del día o el tiempo atmosférico. Pero ¿es eso cierto? ¿Son de verdad tan estables estos principios o, por el contrario, son menos consistentes de lo que creemos? ¿Pueden verse afectados por variables que nada tienen que ver con ellos? Aquí veremos cómo el uso de una lengua extranjera puede modularlos.

Existe la idea de que, en buena medida, algunos de nuestros juicios morales sobre diferentes situaciones están guiados por la respuesta emocional y no, o al menos no necesariamente, por una reflexión acerca de lo apropiado de las conductas en el contexto en cuestión. Es como si ante él nuestra intuición disparara una respuesta clara acerca de lo que está bien o no, sin necesidad de poner en juego razonamientos más elaborados sobre la especificidad de cada momento. Así, a veces decimos cosas como: «Eso está mal, y vale. ¿Por qué? Pues porque está mal». Esta respuesta que nos asalta la mente estaría guiada, hasta cierto punto, por los mismos mecanismos intuitivos que provocaban que en los experimentos anteriores acudieran a nosotros soluciones inmediatas a los problemas económicos o lógicos a través del Sistema 1. Algunos autores como Jonathan Haidt y Joshua Greene han relacionado esa respuesta con las reglas morales propuestas, por ejemplo, por Immanuel Kant y su idea de deontología. De acuerdo con esto, una acción solo puede juzgarse como buena o mala si los motivos que llevan a tomarla obedecen a una ley que puede aplicarse de manera universal con independencia de los intereses o deseos de las personas. En este contexto, se ha argumentado, una intensa reacción emocional nos llevaría a seguir una regla moral de manera automática sin pensar demasiado en su conveniencia para la situación en concreto. Pongamos un ejemplo. Plantéese el siguiente dilema moral, ampliamente utilizado para estudiar nuestros juicios morales y propuesto originalmente por la filósofa estadounidense Judith Jarvis Thomson:

> Un tren se acerca muy rápido a cinco personas. El tren tiene un problema en los frenos y no puede parar, a no ser que un objeto pesado sea lanzado a la vía. Hay un hombre muy gordo cerca de ti. La única manera en que puedes parar el tren es empujándolo a la vía, matándolo a él para salvar a cinco personas.

¿Empujaría usted al hombre desde el puente para así salvar cinco vidas? Probablemente no. De hecho, sabemos que, ante este dilema, alrededor del 80 por ciento de la gente opta por no empujar al hombre. Es posible que cuando haya leído el texto haya sonreído o haya fruncido el ceño y haya experimentado una respuesta emocional de desagrado. Es como si automáticamente hubiera dicho: «¡Sí, hombre, eso seguro que no lo hago!». No sabe bien por qué, pero su respuesta ha sido rápida, casi automática... Su sistema emocional ha decidido por usted. «Eso no lo voy a hacer, y basta»; lo ve claro... tan claro como que 10 céntimos era lo que valía la pelota de béisbol del problema anterior. Después vendrán las justificaciones y los argumentos morales: que si la vida de una persona es sagrada y nunca puede ser utilizada como medio para conseguir un fin, que si uno no puede decidir sobre quién vive y quién muere, que si la acción física sobre alguien es intolerable, etcétera. No se engañe, la respuesta estaba ya tomada y los argumentos son solo justificaciones ante uno mismo. Su intuición le ha solventado el problema y le ha proporcionado una respuesta rápida y muy resoluta al problema: no empujaré al pobre hombre gordo.

Sin embargo, si nos paramos a pensar un poquito veremos que, desde un punto utilitarista, si decidimos empujar al pobre hombre salvaríamos cinco vidas. Y ¿no es mejor sacrificar una vida para salvar cinco? Pues bien, en cierta medida eso dependerá de si nos inclinamos por una visión moral utilitarista, en el sentido de que se maximice el resultado esperado, o por el contrario si nos inclinamos más por una visión deontológica, en la que la ley moral de no utilizar la vida de una persona como medio para conseguir un fin debe prevalecer como universal. Este debate es, en efecto, un tanto más complejo, ya que en muchas ocasiones definir el término «utilidad» es un tanto difícil.

En cualquier caso, algunos autores se aproximan a estos juicios morales en el contexto de los dos sistemas de toma de decisiones que hemos descrito en la sección anterior, uno mucho más intuitivo, que nos propone respuestas de manera casi automática, y otro que nos permite evaluar de manera más fría y reflexionada las diversas opciones y sus consecuencias. No es mi misión aquí argumentar qué decisión es la correcta desde el punto de vista ético o moral. Hay toneladas de literatura acerca de ética y moralidad, y yo no soy un experto en ninguna de las dos. Además, es muy posible que no haya una solución al entuerto que satisfaga a todo el mundo. Lo que sí me interesa, sin embargo, es mostrarle cómo su decisión moral puede cambiar dependiendo del contexto del problema.

Plantéese ahora el siguiente dilema ideado por la filósofa británica Philippa Foot, que en ciertos aspectos es muy similar al anterior:

Un tren se acerca muy rápido a cinco personas. El tren tiene un problema en los frenos y no puede parar. Cinco personas morirán si el tren sigue por esa vía. Hay otra vía que puedes utilizar para desviar el tren, pero al final hay un hombre que morirá si se desvía.

¿Redirigiría usted el tren a la otra vía? Probablemente sí. Aquí también sabemos que alrededor del 80 por ciento de la gente lo haría, sacrificando la vida de una persona para salvar otras cinco. Esto es, aquellas personas que antes estaban seguras de no empujar al hombre gordo ahora son capaces de cambiar de vía y sacrificar la vida de una persona para salvar a cinco. Pero ¿no son estos dilemas morales iguales? Sí que lo son en términos del valor esperado de la acción o inacción, es decir, de las consecuencias de su decisión (si usted escoge actuar, una persona muere y cinco se salvan, si no, cinco mueren y una se salva). Sin embargo, nuestra respuesta emocional ante los dos dilemas no es la misma, ¿verdad? El primero nos resulta mucho más desagradable que el segundo. Y en este, al ser emocionalmente menos intenso, podemos pararnos a pensar y, de manera más fría, podemos decidir que vale la pena sacrificar una vida para salvar cinco; esto es, optamos por un juicio utilitarista.

Y ahora viene la hipótesis interesante, que espero que el lector haya ya entrevisto. Si nuestra reacción emocional ante dilemas presentados en una lengua extranjera es menor que aquella provocada por los mismos en la lengua materna, entonces podría darse el caso de que nuestros juicios morales y las decisiones que de ellos pueden resultar se vieran afectados por la lengua en la que los dilemas son presentados. Dicho de otro modo, si nos volviéramos más fríos (o menos emocionales) cuando estamos en un contexto de lengua extranjera, entonces tal vez nos volveríamos más utilitaristas. ¿Es posible que, al fin y al cabo, Groucho tuviera razón y que nuestros principios fueran mucho más maleables de lo que creemos?

Dicho y hecho. Nos propusimos explorar esta hipótesis y presentamos los dos dilemas a cuatrocientos hablantes nativos del español que tenían como lengua extranjera el inglés. Estos participantes eran universitarios que habían estudiado ese idioma en el colegio durante al menos siete años. No solían utilizarlo en ambientes sociales, pero entendían el texto sin problemas. A la mitad de los participantes se les presentaron los dilemas en español y a la otra mitad, en inglés. El resultado fue la bomba. Para el dilema con menor carga emocional, el de cambiar el tren de vía, los resultados fueron similares en ambas lenguas. Básicamente, el 80 por ciento de los participantes decidían optar por la respuesta utilitarista, esto es, cambiar de vía y así salvar cinco vidas. Este resultado era el esperable por lo que ya sabíamos de otros estudios. ¿Qué sucedió con el dilema que supuestamente provoca una mayor intensidad emocional? ¿Dependería de la lengua la decisión de empujar al hombre desde el puente? Pues resulta que sí; cuando el dilema se presentó en la lengua materna, solo el 17 por ciento de los participantes optaron por sacrificar la vida del hombre, mientras que en inglés esa opción fue escogida en el 40 por ciento de los casos. Es decir, el porcentaje de respuestas utilitaristas se había doblado cuando el dilema se presentaba en la segunda lengua. ¡No podía ser, los juicios morales de las personas cambiaban dependiendo de la lengua! Apaga y vámonos, Groucho tenía razón.

Me di cuenta de que habíamos descubierto algo interesante cuando explicando estos resultados a la hora de comer, mi madre y mi hijo dijeron a la vez: «¡No puede ser!». Si personas que se llevan más de cincuenta años de diferencia estaban sorprendidas por el fenómeno, era porque no podían creerse que sus juicios morales, lo que más les identificaba como personas, pudieran verse afectados por una variable tan «irrelevante» como la lengua en el que un dilema moral se presentaba. Y créame si le digo que casi siempre les aburren mis historias.

Antes de dar a conocer los resultados a la comunidad científica, decidimos evaluar hasta qué punto el cambio en las decisiones de los participantes pudiera verse afectado por el hecho de haber utilizado el inglés como lengua extranjera y el español como lengua nativa. Ya saben, algunas personas piensan que el inglés es la lengua de los negocios, y que podría fomentar visiones más utilitaristas del mundo. Pero ¡bueno! ¡Como si no se hicieran negocios en español, chino o catalán! Así que presentamos las mismas situaciones a hablantes nativos del inglés que tenían como lengua extranjera el español. El resultado fue el mismo. No había diferencias entre las lenguas en lo que se refería a cambiar de vía, pero sí cuando la respuesta utilitarista implicaba empujar al hombre. En la lengua extranjera los participantes tendían a hacerlo el doble de veces que en la lengua nativa.

A pesar de que estos resultados han sido replicados en varios idiomas y laboratorios, lo cual sugiere que son robustos y fiables, no sabemos todavía su origen. Aquí los he presentado siguiendo la hipótesis de la reducción de la emocionalidad provocada por la lengua extranjera, pero hay otras explicaciones posibles. No quiero alargarme más con ello, porque por el momento no tenemos datos que las corroboren o refuten. Seguro que en un futuro cercano dispondremos de más información sobre esta relación entre el uso de una lengua extranjera y la toma de decisiones, tanto de carácter económico como moral. Es un tema que interesa a la sociedad en general, tal y como puede constatarse por el gancho que ha tenido en publicaciones de divulgación general como *The New York Times*, *The Economist* o *La Vanguardia*. Así que *stay tuned* («al loro», en español), que sabremos más de esto pronto.

EL USO DE LA LENGUA EXTRANJERA COMO MARCADOR SOCIAL

En las secciones anteriores hemos visto cómo el uso de una lengua extranjera puede modificar nuestra toma de decisiones, ya sean estas económicas o morales. Pero también puede afectar a la manera en cómo los demás nos ven. Así, una segunda lengua no tiene solo efectos en nuestra toma de decisiones, sino también en cómo tomamos decisiones sobre las otras personas. Como vimos en el capítulo 1, los niños tienden a usar el lenguaje que utilizan las personas para decidir su círculo social. Recordemos aquel estudio en que se preguntaba a los niños con quién querían jugar y, entre los candidatos a ser amiguitos, había niños que hablaban en su lengua nativa, en su lengua nativa con acento extranjero, o en una lengua extranjera. Los niños escogían a los que hablaban su misma lengua... Eso sí, cuando estos lo hacían sin acento extranjero. En esta sección le quiero mostrar que estos efectos de categorización social están presentes también en la edad adulta, tanto de manera implícita como explícita. Además, veremos que esa categorización tiene efectos en cómo los demás nos consideran, y pueden estar en la base de estereotipos y prejuicios. De manera más llana, ¿recuerdan los esfuerzos que el profesor Higgins hacía para que Eliza Doolittle cambiara de acento en la película *My Fair Lady*? Esta sección, pues, habla de eso («La lluvia en Sevilla es una pura maravilla»).

Algunos investigadores han argumentado que los seres humanos tenemos la tendencia automática a prestar atención a la manera en cómo los demás hablan. Cuando conversamos con alguien, nos fijamos en el vocabulario que utiliza, en las variaciones morfológicas y léxicas dialectales (el leísmo y laísmo, por ejemplo), en el acento de la persona, etcétera. Esta información la organizamos para categorizar a las personas en grupos sociales diferentes, siendo la distinción entre el grupo de uno mismo y el grupo de los otros la diferencia más importante. De hecho, se ha argumentado que esa inclinación puede incluso ser más potente para agrupar a la gente que otras propiedades como el color de la piel. Este argumento está basado en la idea de que nuestros antepasados remotos debían de tener pocas oportunidades de interactuar con gentes que variaran significativamente en sus características físicas (como el color de piel), mientras que probablemente mantenían muchas más interacciones con gentes que hablaban otra lengua, o al menos que mostraban en su habla suficientes variaciones como para determinar si pertenecían a su mismo grupo o no. Para ello, el uso de la lengua ha sido evolutivamente más relevante que otras propiedades cuya variabilidad era menos frecuente en un contexto prehistórico. Y si se para a pensar, verá cuánta información sacamos de unas pocas palabras dichas por una persona: si es del país o no, su nivel sociocultural, la región de origen, etcétera. No me detendré a explicarle la historia con detalle, pero en el capítulo 12 del Libro de los Jueces de la Biblia se narra cómo la pronunciación de una sola palabra, «Shibboleth», sirvió para diferenciar entre las personas de dos tribus, ya que el primer sonido lo pronunciaban de manera diferente (recuerden la adaptación perceptual descrita en el capítulo 1). Aquellos (unos cuantos miles) que no pronunciaban correctamente ese sonido perecieron degollados a manos de la otra tribu; la Biblia es lo que tiene.

Esta hipótesis fue evaluada mediante un experimento bastante ingenioso dirigido por David Pietraszewski en la Universidad de

California. Deje que se lo explique con cierto detalle. Se presenta a los participantes una serie de fotos con caras de personas. Cada vez que aparece una de ellas, el participante escucha una frase. Cada cara se muestra tres veces con diferentes frases asociadas. La mitad de las caras (cuatro) dicen frases en inglés con acento británico y la otra mitad, en inglés con acento estadounidense. Todos los participantes tenían como lengua materna el inglés y eran de Estados Unidos. En la fase de exposición los participantes solo tenían que escuchar las frases y mirar las caras. Solo eso. Una vez acabada esta fase, se mostraban las ocho caras en la pantalla del ordenador e iban apareciendo las frases que habían sonado antes. Aquí se pedía al participante que dijera quién había dicho cada frase. Es decir, la cuestión era quién había dicho qué. La tarea era bastante difícil, dado que se habían reproducido muchas frases, y el recuerdo de los participantes era bastante pobre. Pero eso es justamente lo que interesaba, que la gente se confundiera mucho, para ver qué tipo de errores cometían. La pregunta era: cuando en esta tarea se comete un error y se atribuye la frase a una cara errónea, ¿esta había hablado antes con el mismo acento que la cara correcta o con un acento diferente? En principio, los errores deberían estar distribuidos aleatoriamente, ¿no? Vamos, por eso son errores. Pues ¡no! Existía cierta regularidad. Cuando los participantes se confundían tendían a escoger con mucha más frecuencia otra cara que en la fase de exposición había hablado con el mismo acento que la cara correcta. Es como si durante la fase de exposición los participantes hubieran categorizado automáticamente aquellas caras de acuerdo con el acento con que estas hablaban. Esta agrupación estaría después modulando sus errores. Este fenómeno de confusión no sucede solo con el acento británico y el estadounidense, sino también cuando las caras hablan diferentes lenguas o incluso una lengua nativa y otra extranjera. Por cierto, cuando, después del experimento, se preguntaba a los participantes si eran conscientes de este sesgo, decían que no, e incluso aseguraban que sus respuestas no podían estar afectadas por tal categorización.

A lo mejor este resultado no sorprenda demasiado al lector. Después de todo, es posible que sucediera lo mismo con cualquier propiedad que diferenciase a los individuos. Pues tiene usted razón. Si las caras durante la exposición son blancas y negras, el fenómeno de confusión es el mismo. De hecho, sigue siendo el mismo cuando las personas llevan camisetas de diferentes universidades. Así que la respuesta es sí, cualquier pista nos sirve para categorizar a las personas y agruparlas en diferentes conjuntos. Y entonces, ¿dónde está la gracia? Pues en que no todas las pistas pesan igual en nuestra categorización, unas pesan bastante más que otras. Deje que me explique. El mismo experimento se puede realizar cruzando dos pistas y viendo cuál es la que sesga (o confunde) de manera más potente las respuestas de los participantes. Es decir, ahora hay caras blancas y negras, y acentos británicos y americanos. ¿Cómo será el patrón de confusión? El resultado es de lo más interesante, ya que el acento sesga las respuestas de manera más significativa que el color de la piel. Un poco como hacían los niños cuando elegían a sus amiguitos. Es decir, parecería que los seres humanos tomamos como signo más indicativo el uso de la lengua y no tanto el color de la piel, aunque me temo que para algunas personas, como el nuevo presidente de Estados Unidos, todos los signos pesarían igual... y tal vez mucho.

La categorización social en muchas ocasiones forma parte del desarrollo de estereotipos. Una vez agrupamos a las personas bajo un paraguas común, es difícil no asignar a cada individuo las propiedades que creemos que el grupo tiene, ya sean estas buenas o malas. En el contexto de la lengua extranjera existe un estereotipo un tanto problemático, sobre todo para aquellos que hablamos otras lenguas y que en una gran mayoría tenemos acento. Pero si lo pensamos dos veces, ese hecho solo debería significar que somos capaces de hablar otra lengua y no debería tener mayores repercusiones... o al menos no negativas. Pues no, resulta que tendemos a dudar más de la veracidad de los hechos descritos por hablantes con un acento extranjero que por hablantes nativos. Por ejemplo, si se nos pide que juzguemos si creemos real el contenido de la frase «Las hormigas no duermen», nos fiamos más de su veracidad cuando la dice alguien con acento nativo que con acento extranjero. Pero todavía peor: cuando se nos comunica que estas personas simplemente están leyendo unas frases que les ha dado el experimentador y, por tanto, la veracidad de los hechos descritos no depende de la persona que los lee, el efecto del acento extranjero todavía está presente. Es decir, nos creemos más al que habla como un nativo que al que habla con acento. Tal vez por ello la famosa «relaxing cup of *café con leche en* Plaza Mayor» de la alcaldesa de Madrid no fue suficiente para que los Juegos Olímpicos se celebrasen en esa ciudad.

Parece que cuando interactuamos con una persona con acento extranjero tendemos a procesar el lenguaje de manera un tanto diferente que cuando lo hacemos con personas nativas. De alguna manera, y tal vez debido a ciertos problemas de inteligibilidad, prestamos menos atención a los detalles del habla y nos fijamos más en el contexto comunicativo. Es un poco como si no nos importara lo que esta persona dice, sino lo que quiere decir en realidad. Y es por ello por lo que nuestro recuerdo de las palabras exactas que la gente usa en una conversación es bastante más preciso cuando la gente habla con acento nativo. Vamos, que cuando hable en inglés no espere que la gente recuerde lo que ha dicho exactamente ni los detalles de su mensaje. Para alguien como yo, que va por ahí dando charlas en inglés, estas noticias no son muy alentadoras. Se acordarán poco de lo que digo, y si lo hacen, no se lo creerán. Una conclusión un tanto exagerada, lo admito.

Estos resultados, entre otros, muestran cómo de potente es el lenguaje como factor de categorización social. Ser consciente de ello y entender cómo funcionan estos sesgos es fundamental para reducir los prejuicios y la discriminación injustificada de individuos y de grupos sociales. A lo mejor por ello nuestras abuelas ya nos corregían y nos decían aquello de «¡Niño, habla bien, por favor!».

En este capítulo hemos repasado la relación existente entre el uso de una lengua extranjera, la pragmática, la emoción, la toma de decisiones y la categorización social. Hemos visto cuán difícil es aprender a usar una lengua extranjera en un contexto social. Hemos ejemplificado esta dificultad con el humor y el uso de palabras y expresiones malsonantes. Eso nos ha llevado a repasar aquellos estudios acerca de cómo las palabras y expresiones en una lengua extranjera parecen provocar una respuesta emocional menos intensa que aquellas en nuestra lengua materna, el fenómeno que hemos denominado «las entiendo, pero no-suenan-igual». También hemos relacionado esta respuesta emocional con la toma de decisiones económicas y morales. Por último, hemos analizado la potencia que tiene el lenguaje a la hora de categorizar a las personas en diferentes grupos sociales.

Toda esta información apunta a que Mandela tenía razón cuando aseveraba sobre que si hablas a una persona en su lengua materna el mensaje le llega al corazón, y si lo haces en una lengua extranjera le llega a la cabeza. Pero, además, espero que el lector concurra conmigo en que, como dijo Jeremy Bentham, uno de los padres del pensamiento utilitarista, «La consistencia es una de las cualidades menos comunes de los seres humanos».

Y aquí llegamos al final del viaje. Espero que haya transmitido al lector el apasionante mundo que envuelve el estudio de cómo conviven dos lenguas en un mismo cerebro, y los efectos cognitivos, neurológicos y sociales que eso conlleva. Yo he disfrutado escribiendo, y desearía que usted lo hiciera leyendo. Pero sobre todo espero que haya conseguido involucrarlo y, claro, que Confucio tuviera razón con aquello de: «Dime y olvidaré, muéstrame y recordaré, involúcrame y entenderé».

Lecturas complementarias

Kahneman, Daniel, *Pensar rápido, pensar despacio*, Barcelona, Debate, 2015.

Cuetos Vega, Fernando, *Neurociencia del lenguaje. Bases neurológicas e implicaciones clínicas*, Madrid, Editorial Médica Panamericana, 2011.

Pinker, Steven, *El mundo de las palabras. Una introducción a la naturaleza humana*, Barcelona, Paidós, 2007.

Alexakis, Vassilis, *Las palabras extranjeras*, Buenos Aires, Del estante Editorial, 2006.

Blakemore, Sarah-Jayne y Frith, Uta, *Cómo aprende el cerebro. Las claves para la educación*, Barcelona, Ariel, 2010.

Costa, Albert; Hernández, Mireia; Baus, Cristina, «El cerebro bilingüe», *Mente y cerebro*, n.º 71, marzo-abril de 2015, pp. 34-41.

Pons, F.; Albareda-Castellot, B.; Sebastián-Gallés, N., «La percepción del habla en el bebé bilingüe», en Ch. Abelló Contesse; Ch. Ehlers; L. Quintana Hernández, eds., *Escenarios bilingües. El contacto de lenguas en el individuo y la sociedad*, Berna, Peter Lang Publishing Co., 2010, pp. 155-170.

Ledoux, Joseph, *El cerebro emocional*, Barcelona, Planeta, 1999.

Grant, Angela; Dennis, Nancy A.; Li, Ping, «Cognitive control, cognitive reserve, and memory in the aging bilingual brain», *Frontiers in Psychology*, n.º 5, 2014, p. 1401.

Armon-Lotem, Sharon; de Jong, Jan; Meir, Natalia, eds., *Assessing Multilingual Children. Disentangling Bilingualism from Language Impairment*, Bristol, Multilingual Matters, 2015.

Grosjean, F.; Li, P., eds., *The Psycholinguistics of Bilingualism*, Oxford, Wiley-Blackwell, 2012.

Karmiloff, K.; Karmiloff-Smith, A., *Hacia el lenguaje*, Madrid, Morata, 2001.

Serra, M.; Serrat, E.; Solé, M. R.; Bel, A.; Aparici, M., *La adquisición del lenguaje*, Barcelona, Ariel, 2000.

Gazzaniga, Michael S., *The Ethical Brain: The Science of Our Moral Dilemmas*, Nueva York, Harper Perennial, 2006.

Harris, Sam, *The Moral Landscape: How Science Can Determine Human Values*, Nueva York, Free Press, 2011.

Hernández, Arturo E., *The Bilingual Brain*, Oxford, Oxford University Press, 2013.

David Kemmerer, *Cognitive Neuroscience of Language*, Londres, Psychology Press, 2015.

Tucker, A. M.; Stern, Y., «Cognitive Reserve and the Aging Brain», en A. K. Nair y M. N. Sabbagh, eds., *Geriatric Neurology*, Chichester, John Wiley & Sons, 2014.

Gullbert, Marianne; Indefrey, Peter, eds., *The Cognitive Neuroscience of Second Language*, New Jersey, Wiley-Blackwell, 2006.

Baus, Cristina; Costa, Albert, *Second Language Processing*, New Jersey, Wiley-Blackwell, 2016.

Schwieter, John W., ed., *The Cambridge Handbook of Bilingual Processing*, Cambridge, Cambridge University Press, 2015.

Pavlenko, Aneta, *The Bilingual Mind and What it Tells Us about Language and Thought*, Cambridge, Cambridge University Press, 2014.

Guasti, Maria Teresa, *Language Acquisition. The Growth of Grammar*, Cambridge, MIT Press, 2004.

Hogarth, Robin M., *Educating Intuition*, Chicago, The University of Chicago Press Books, 2001.

Agradecimientos

No entraba en mis planes escribir un libro de estas características, al menos no en estos momentos de mi carrera, pero aquí me encuentro redactando las últimas líneas. Sí, la vida te da sorpresas, sorpresas te da la vida. La gestación de esta obra ha sido laboriosa, pero lo ha sido más aún el proceso de publicación, por diferentes motivos que no vienen a cuento, y que ciertamente no tienen que ver con Debate.

Gran parte de la información que encontrará el lector en el libro proviene de veinte años de trabajo en colaboración con muchos colegas y estudiantes. Sin estas colaboraciones me hubiera sido imposible tener una visión del campo lo suficientemente amplia para atreverme a empezar la escritura del libro. Colaborar es una experiencia vital que en muchas ocasiones saca lo mejor y lo peor de nosotros mismos. En cualquier caso, es una experiencia inevitable en el panorama científico actual, y si además lo haces con amigos... pues mejor que mejor. Así que os doy a todos las gracias, y aunque no os voy a mentar aquí, vosotros ya sabéis quiénes sois.

Hay tres amigos que además he tenido la suerte de contar con ellos como mentores durante mi formación científica, son Núria Sebastián, Jacques Mehler y Alfonso Caramazza, quienes han sabido transmitirme un espíritu crítico a la vez que la curiosidad sobre cómo funciona la mente humana. Con seguridad son las personas que más han influido en mi pensamiento. En definitiva, me habéis hecho crecer. Espero ir devolviendo todo lo que me habéis dado. Gracias de todo corazón.

Dicen que cuando a uno le hacen profesor le dan una pastilla para que olvide dos frases y nunca más sea capaz de repetirlas, al menos en presencia de estudiantes: «No lo sé» y «Estoy equivocado». Creo que eso se cura fácilmente discutiendo con los estudiantes ideas y proyectos nuevos. La mayoría de las cosas que he aprendido en estos años y que se recogen en el libro no las hubiera aprendido sin la dedicación, generosidad, esfuerzo y, en muchas ocasiones, paciencia conmigo de los estudiantes que han realizado el doctorado bajo mi supervisión: Mikel Santesteban, Eduardo Navarrete, Mireia Hernández, Iva Ivanova, Cristina Baus, Agnés Caño, Kristof Strijkers, Jasmin Sadat, Elin Runquist, Sara Rodríguez, Miguel Barreda, Francesca Branzi, Alexandra Ibáñez, Carlos Romero, Gabriele Cattaneo, Elisa Ruiz, Joanna Corey, Marc Lluís Vives. Cada uno de ellos ha hecho su propia aportación en este libro. Como decía Fray Luis de León, «¡Dulce oficio oportuno que enseñar y aprender es todo uno!». Gracias, chicos, y mucha suerte. Todo lo bien que os vaya a vosotros será un orgullo para mí.

También he tenido la suerte de contar con compañeros de profesión y amigos que han sido lo suficientemente generosos para dedicar su tiempo a la lectura comentada y corregida de este texto. Gracias a Cristina Baus, Marco Calabria, César Ávila, Luca Bonatti, Núria Sebastián, Azucena García-Palacios, Jon Andoni Duñabeitia, Miguel Burgaleta, Mireia Hernández, Eva Moreno, Manuela Ruzzoli, Mikel Santesteban, Mariona Costa, Juan Manuel Toro, Jorge Barra, Anna Sanjuán, Thomas Bak, Melina Aparici, Aurelio Ruiz, Luca Bonatti y Estefanía García. A nadie le gusta que le enmienden la plana, pero qué tonto sería si no me hubiera aprovechado de vosotros. Vuestras correcciones y sugerencias han sido fundamentales para intentar evitar deslices o imprecisiones. Las que queden son obviamente culpa mía.

Durante los últimos veinte años he tenido la fortuna de trabajar en diferentes laboratorios en Estados Unidos, España e Italia. Todos ellos me han aportado mucho desde el punto de vista científico y personal. Sin embargo, los últimos ocho años han sido especiales gracias a las dos instituciones donde trabajo, el Institut Català de Recerca i Estudis Avançats y la Universidad Pompeu Fabra. Es por ello por lo que quisiera dar gracias a todas aquellas personas que han estado implicadas en la creación del Brain and Cognition Center, el centro donde llevo a cabo mis investigaciones en la actualidad. Es un lugar perfecto para desarrollar una investigación puntera, en buena medida gracias a Gustavo Deco, Núria Sebastián, Juan Manuel Toro, Salvador Soto, Luca Bonatti y Rubén Moreno, y a todas las personas que nos dan apoyo técnico y administrativo: Xavier Mayoral, Cristina Cuadrado, Silvia Blanch, Florencia Nava, Irene Sanjuán y Pamela Miller. Continuará siendo así, o esperemos que incluso mejor, en la próxima década. No es Princeton...ni falta que hace.

En el curso de la publicación del libro hubo un momento de especial incertidumbre, y es en esas situaciones cuando uno tiene que echar mano de los amigos. Gracias a Mariano Sigman conseguí contactar con el editor de Debate, quien mostró su interés inmediatamente. Gracias, Mariano, por tu disponibilidad, y gracias, Miguel Aguilar, por el entusiasmo con el que me recibiste y por haber confiado en el proyecto. Y, también, gracias a todo el equipo editorial de Debate, que me ha dado la seguridad de que el proyecto saldría adelante.

No es habitual, pero lo haré porque creo que es de justicia. Gracias a ti, contribuyente. La mayoría de cosas que sabemos acerca de cómo conviven dos lenguas en un cerebro provienen de estudios que están subvencionados con dinero público y que, por tanto, salen de los bolsillos de todos (n)vosotros. No es retórica, es dinero, vuestro dinero. Gracias por seguir confiando en los investigadores, en especial en estos momentos difíciles. Además, los estudios presentados aquí no hubieran sido posibles sin la participación en los experimentos de miles de personas que se han prestado voluntarias a colaborar con la investigación. Personas de todas las edades, desde bebés hasta personas mayores, han contribuido con su tiempo a que entendamos mejor cómo funciona el cerebro. Gracias a todos ellos.

Llegados a este punto solo me queda agradecer a mi familia y amigos el apoyo que me han dado durante todos estos años. Algunos leerán el libro, otros no. Pero eso no es lo importante. Lo importante es que han estado cuando se les ha necesitado y estoy seguro de que continuarán ahí. Sé que me he puesto pesadito durante la escritura del libro con muchos de ellos, transmitiéndoles mis inseguridades y mis dudas sobre cuál sería el resultado de todo esto. Gracias por escuchar. Y en especial gracias a ti, a la que has sufrido todo este periplo más directamente, con paciencia y optimismo. *Merci*, Fanny.

Créditos de las imágenes

Gráfico 1: A. Costa, M. Calabria, P. Marne, M. Hernández, M. Juncadella, J. Gascón-Bayarri, A. Lleó, J. Ortiz-Gil, L. Ugas, R. Blesa y R. Reñé, «On the parallel deterioration of lexico-semantic processes in the bilinguals' two languages. Evidence from Alzheimer's disease», *Neuropsychologia*, vol. 50, 5, 2012, pp. 740-753. Doi:10.1016/j.neuropsychologia.2012.01.008. © 2012, Elsevier Ltd. Todos los derechos reservados.

Gráfico 2: A. Costa y I. Ivanova, «Does bilingualism hamper lexical access in speech production?», *Acta Psychologica*, vol. 127, 2, 2008, pp. 277-288. Doi: 10.1016/j.actpsy.2007.06.003. © 2007, Elsevier B.V. Todos los derechos reservados.

Gráfico 3: Cedido por Jon Andoni Duñabeitia.

Gráfico 4: E. Bialystok, G. Luk, K. Peets y S. Yang, «Receptive vocabulary differences in monolingual and bilingual children», *Bilingualism: Language and Cognition*, 13 (4), 2010, pp. 525-531. Doi:10.1017/S1366728909990423. © Cambridge University Press, 2009.

Gráfico 5: A. Costa, M. Hernández y N. Sebastián-Gallés, «Bilingualism aids conflict resolution. Evidence from the ANT task», *Cognition*, vol. 106, 1, 2008, pp. 59-86. Doi: 10.1016/j.cognition.2006.12.013. © 2007, publicado por Elsevier B.V.

Figura 5: J. Abutalebi y D. Green, «Bilingual language production. The neurocognition of language representation and control», *Journal of Neurolinguistics*, vol. 20, 3, 2007, pp. 242-275. Doi: 10.1016/j.jneu-

Índice alfabético

ÚLTIMOS TÍTULOS PUBLICADOS EN DEBATE

WALTER MISCHEL
El test de la golosina
Cómo entender y manejar el autocontrol

JOSÉ IGNACIO TORREBLANCA
Asaltar los cielos
Podemos o la política después de la crisis

LUIS MAGRINYÀ
Estilo rico, estilo pobre
Todas las dudas: guía para expresarse y escribir mejor

RAMÓN ACÍN
Ramón Acín toma la palabra
Edición anotada de los escritos (1913-1936)

BALTASAR GARZÓN
El fango
Cuarenta años de corrupción en España

HA-JOON CHANG
Economía para el 99% de la población

SEBASTIÁN FEST
Sin red
La historia detrás del duelo que cambió el tenis

JOHN HERSEY
Hiroshima

V. S. NAIPAUL
Una zona de oscuridad
El descubrimiento de la India

JANET MALCOLM
Cuarenta y un intentos fallidos
Ensayos sobre escritores y artistas

FRANCIS WHEEN
Karl Marx

KAREN ARMSTRONG
Historia de la Biblia

FUNDÉU
Manual de español urgente

INÉS GARCÍA-ALBI
Cuestión de educación
Un viaje por la enseñanza española

ÉLISABETH ROUDINESCO
Freud en su tiempo y en el nuestro

JUAN PABLO MENESES
Una vuelta al Tercer Mundo
La ruta salvaje de la globalización

CHRISTOPHER MCDOUGALL
Nacidos para ser héroes
Cómo un audaz grupo de rebeldes redescubrieron los secretos de la fuerza
y la resistencia

ANDRÉS DANZA Y ERNESTO TULBOVITZ
Una oveja negra al poder
Pepe Mujica, la política de la gente

WILLIAM EASTERLY
La carga del hombre blanco
El fracaso de la ayuda al desarrollo

JOHN DICKIE
Historia de la mafia
Cosa Nostra, 'Ndrangheta y Camorra de 1860 al presente

ADRIÁN PAENZA
Matemagia
Problemas y enigmas

ANA DURANTE
Guía práctica de neoespañol
Enigmas y curiosidades del nuevo idioma

FÈLIX MARTÍNEZ Y JORDI OLIVERES
Los intocables
Pocos, poderosos e impunes

IÑAKI ELLAKURÍA Y JOSÉ M. ALBERT DE PACO
Alternativa naranja
Ciudadanos a la conquista de España

M. F. K. FISHER
El arte de comer

FERNANDO SAVATER Y SARA TORRES
Aquí viven leones
Viaje a las guaridas de los grandes escritores

SVETLANA ALEXIÉVICH
La guerra no tiene rostro de mujer

Paul Preston
Franco

William L. Shirer
Diario de Berlín
Un corresponsal extranjero en la Alemania de Hitler (1934-1941)

William L. Shirer
Regreso a Berlín
1945-1947

Martín Berasategui y David de Jorge
Aventuras, desventuras y recetas de un 7 estrellas Michelin y del cocinero que pilota ese programa de TV que se llama «Robin Food»

Svetlana Alexiévich
Voces de Chernóbil
Crónica del futuro

Rafael Sánchez Ferlosio
Altos estudios eclesiásticos
Gramática. Narración. Diversiones

Jared Diamond
Sociedades comparadas
Un pequeño libro sobre grandes temas

Eduardo Suárez y María Ramírez
Marco Rubio y la hora de los hispanos

Henry Kissinger
China

Henry Kissinger
Orden mundial
Reflexiones sobre el carácter de las naciones y el curso de la historia

Joan Maria Thomàs
Franquistas contra franquistas
Luchas por el poder en la cúpula del régimen de Franco

Manuel Vázquez Montalbán
Obra periodística
La construcción del columnista (1960-1973)

Manuel Vázquez Montalbán
Obra periodística
Del humor al desencanto (1974-1986)